# about 关于 07

Dear Tomorrow

给明天的一句话

小红书 编

中信出版集团 | 北京

主　编	邓　超
总监制	卢梦超
执行主编	杨　慧
编　辑	周　依 / 徐晨阳 / 陈　晗 / 陈如玥
平面设计	黄文诗
封面设计	江惠茹
平面摄影	林旷羽
多媒体设计	董照展 / 付　蔚 / 余　果 / 朱雨婷
以下朋友对此书亦有贡献	陈梓健 / 李　慧 / 张陈景 / 谭　超 / 刘江珊 / 王欣雨 / 宋金朋

○ 目录 Contents

Section 1　　　　话语描摹的明天

袁长庚：明天请回答　　　　　　　　(006—013)

崔庆龙：一句话的力量　　　　　　　(014—019)

关于明天，他们说……　　　　　　 (020—033)

Section 2　　　　对话，聊聊当下

严飞×王小伟：
以日常着陆　　　　　　　　　　　　(036—049)

张春×张怡微：
我们是自由的个体，却又如此亲密　　(050—063)

徐英瑾×董晨宇：
我们与技术的距离　　　　　　　　　(064—075)

鸟鸟×梁彦增：
人生是一场无限游戏　　　　　　　　(076—089)

Section 3　　　　生活的注脚

张定浩：
诗歌不能使任何事情发生　　　　　　(092—117)

郭小寒：
未来的回响　　　　　　　　　　　　(118—133)

进入我生活的台词　　　　　　　　　(134—143)

书店人想对明天说……　　　　　　　(144—157)

给生活的摘录　　　　　　　　　　　(158—173)

专栏　　　　　　about 热水频道

给明天的一朵云　　　　　　　　　　(176—177)

我们最近聊了什么？　　　　　　　　(178—181)

别册　　　　　　给未来的答案之书

站在此时此刻的坐标点上想象"给明天的一句话",我的脑中浮现出这样一场对话:

"如果生命还剩最后三天时间,你会做些什么?"
"或许会先去跑一个小时步吧。"
"跑步时你会戴耳机听点什么吗?"
"或许不会戴吧,就感受感受自然的声音。"
"但现实中你每次跑步都习惯戴耳机呢。"
"听歌或播客,总要听些什么的。"
"那为何最重要的一次跑步,你选择什么都不听呢?"
"是啊,我为什么没想过什么都不听呢,是因为都不够重要吗?"

这场对话里隐藏着描述明天的几种维度。

第一种是具体的明天,即日历上接续今天的 24 小时;第二种是聚合的明天,是无数个具体明天的集合,是对未来宽泛的指代;此外,还存在着第三种明天,它介于上述两种维度之间,我想形容它为"存在于当下选择里的未来因子"。

日常中,我们总在前两种明天里循环,或困在具体的日程里,或陷入对未来的空泛幻想。而真正具有塑造力的第三种明天——当下每个思考对未来产生的共振——却鲜少被认真凝视。这种对即时与永恒交界处的关注,或许恰是改变生活轨迹的密钥。

那么,面对这样的明天,我们又为何只给出一句话呢?

留白因黑而存,无黑则无白。言语多一分,留白便少一寸。但若无一言,昨日与明日便断了延续。如果将未来比作暗箱,过往的种种经历就像箱外光源,透过隔板孔隙在幕布上投射出影像。一句话就如这个孔隙,越凝练的话语,越能清晰投射出对于明天的描绘。这句话沉淀了过往的生命经验,又推着我们在无限可能的未来里,用独属于自己的想象力去汲取,走向只属于自己的明天。正如相同的种子在不同土壤会生长出迥异的植株,即使是同样一句话,也会因为想象力的不同,最终塑造出不同的人生。何况,哪里来的同一句话。

现在是 2025 年 2 月 20 日晚上 10 点 30 分,我的那株植物正在生长,它的叶脉上写着:"模糊正确,不争朝夕。"

主编 邓超
Editor-in-Chief
CHAOS

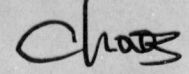

○ Section 1

话语描摹的明天

话语是经验，

是思考，

是发问，

是一盏照向未来的灯。

袁长庚：明天请回答

特邀作者

袁长庚
人类学学者
云南大学社会学系副教授

不要害怕走窄路,
不要忘记爱他人。

——袁长庚

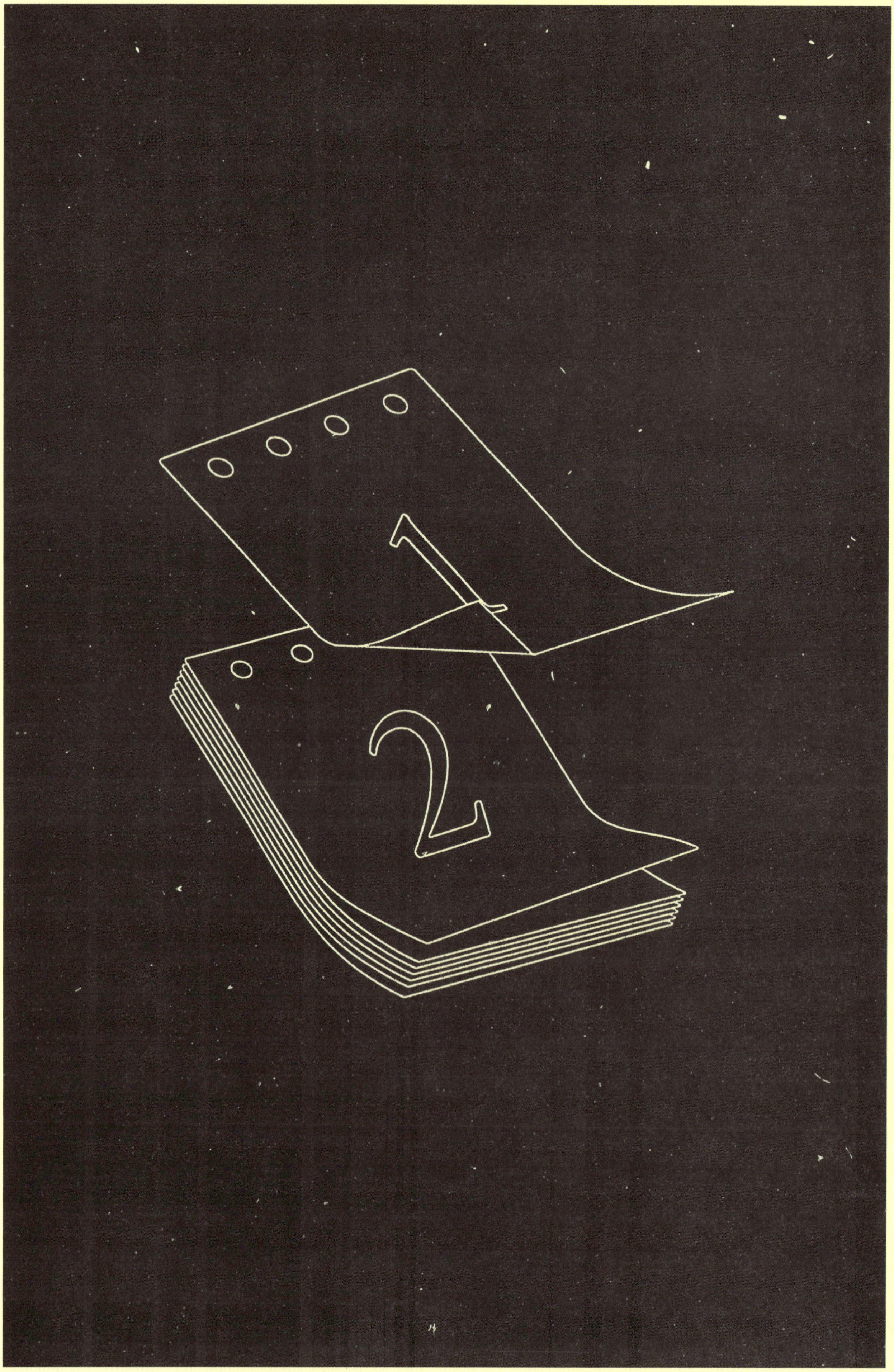

1
2

这些年来我常常参加一些与青年议题相关的座谈交流活动，无论活动具体的内容为何，到了观众提问环节，总有人让我谈谈有什么"面对明天"的建议。按照我的理解，讨论到了"未来"的层面，回答者应该有对人生或世界的彻悟，而我虽然人到中年，但距离这样的修行还差得很远。有时候左右推脱不过，只能就着当时的话头稍微说两句，事后想起自己的胡诌，难免懊悔。

曾经从布痕瓦尔德集中营的屠刀下幸存的奥地利哲学家让·埃默里，在《变老的哲学》里有一个意味深长的判断。他说在所谓"年轻"时，我们常常可以把时间问题转化为空间问题。比如一个刚毕业的大学生想象未来，其实是在想象自己将在何处过什么样的生活。所以，我理解活动上年轻的朋友们追问我有关未来的建议，其实是想让我帮他们想象某一空间内具体的生活状态，而我的无能，恰恰在于只能给出一些笼统的规划和建议，无法勾画某种理想生活的样貌。有时候，说得越周全，越是难以面对别人赤诚的发问，甚至会显得有些油滑和虚伪。

因此，要回答有关"明天"的问题，势必让自己保有某种"年轻"的想象力，不甘于既定的轨道和秩序，不沉迷于对经验的墨守。

想象未来，就是想象某种还没有被实践过的生活方案，甚至想象我们与这个世界的关系有无新的可能。

有"哲学界猫王"之称的斯洛文尼亚哲学家齐泽克 2023 年出版了一本很有意思的书——*Too Late to Awaken: What Lies Ahead When There Is No Future?*，中文可译为《现在觉醒已经晚了——如果没有未来，前路上等待我们的是什么？》。齐泽克的角度一向刁钻，在这本书里，他换了个方式谈论"明天"。比方说，我们已经在无可逆转的生态危机中越陷越深，注定会遭受灭顶之火，那么在接下来这段走向终点的道路上，反思还有没有意义？

无独有偶，很多年前，英国著名文学理论家伊格尔顿在《无所乐观的希望》当中也设定了一个类似的立场。伊格尔顿认为，正是因为曾经笼罩在我们头顶的各种"救赎"方案的破产，我们才能够好好谈谈什么是"希望"。在他看来，虚妄的乐观、"明天会更好"这类陈词滥调都不是希望，希望应孕育于某种绝望——"没有什么救世主，也没有神仙皇帝，要创造人类的幸福，只能靠我们自己。"

两位哲人的思考，有助于我们换个方式重新提问，重新思考一下如何回答有关"明天"的问题。

工业革命将人类引入了一种崭新的生活状态，这种状态在学术上被称为现代性（modernity）。现代性有很多特征，其中之一是时间感的变化。简单说，现代人相信的是一种线性时间，"光阴似箭"，今天是昨天的明天。马克思在100多年前就看破了这种关于"时间"的问题。工业社会的基本逻辑是生产—出售—获利，是1 000元的原料制成的产品卖出1 500元的价格。这种不断增值、不断发展的逻辑叠加在线性时间之上，就是"明天会更好"。我们无法让时钟停下来，"明天"总会到来，但是如果这个"明天"没有比今天更多、更好、更强，那么即使我们终将走入其中，也预示着一种失败。换言之，现代人给"明天"设定了一种衡量的标准，在他们看来，一个下滑的、停滞的"明天"是无意义的。

可以说，现代人之所以会对未来感到焦虑，其实是对某一种特定的未来感到焦虑：如果我辛辛苦苦上了大学，却过得还不如父母一代怎么办？如果我没有抓住当下的机会，错失了能够让自己变现、增值的风口怎么办？如果我现在选的这条路，未来并没有通向"更好"怎么办？作为现代人，我们不可能回头，回头就是退步。我们也不确定未来的方向，因为不确定当下的道路是不是能够抵达那个相对理想的未来。后退不得，前进又有些犹豫，进退维谷之下，"现代"也变得让人不安。

> 我们对"明天"有困惑，实际上是我们在当下迷失了，而当未来变得不确定的时候，"过去"也会变得难以言说。因而，一种总体性的无力感笼罩着我们生活的每个角落。

> 虽然这是现代人的总体困境，但对于当下的年轻人而言，这又似乎是一个新问题。

中国是文明绵延数千年的大国，历史上我们的学问和智慧总是指向一个遥远过去的圣人时代，无论当下遭遇何种危机，似乎总有祖先的智慧可作荫蔽。清末面对百年未有之大变局，先行一步的社会精英走出历史的温柔乡，转而想象了一个在未来的光明终点，抵御外侮、独立自强，从种种变法与革命到离我们更近的开放与改革，中国人始终都不曾摇对未来的信心。然而，这种驱动历史前进的巨大想象力，在新一代青年的身上似乎渐渐有了冷却的趋势。他们的迟疑、犹豫、彷徨，跟"未来"的光和热渐渐衰减有关。这种大历史脉动的变化，表现在家庭层面，就是代际共识的破裂。子女一代认为父母辈的经验已经不再适用，两代人之间关于应该如何度过一生的设想完全不同。父母眼中的子女"身在福中不知福"，子女眼中的父母只是碰巧遇上了历史的红利期，"站着说话不腰疼"。我们对"未来"的困惑，以一种具体而棘手的状态浮现在生活的地平线上，这已经成为一个无可回避的挑战。

偏巧，这样的新问题又遇上了一个表面看上去更新、更炫目的时代。以人工智能和生物科技为代表的技术变革已经不再是小说和电影里的乌托邦，我们谁都不敢想象，明天一觉醒来又有哪种颠覆性的技术即将"空降"到日常生活中。与以往乐观的技术变革不同，这一轮技术革新似乎隐隐带有"洗牌"的意味，不是大家携手进入明天，而是一种残酷的筛选机制，某些产业、某些群体似乎注定拿不到登上新方舟的船票。于是我们一边惊叹于技术的力量，一边焦虑于自己会否被变革淘汰。尤瓦尔·赫拉利在《未来简史》里更是直接宣称，未来将有一些人沦为彻底的"无用阶级"。

于是乎，我们原本就难解的未来谜题，因为技术进步带来的"乱花渐欲迷人眼"而更加让人焦虑。我们越是惊叹技术的力量，就越是恐慌于被技术取代的可能；越是想要停下来读读书、静静心，思考一下自己的人生，越是被技术变革所掀起的前进氛围裹挟着，难以自处。便捷的信息终端把各种各样的声音强行推送到我们的手心：学术巨匠、行业精英可能正发出耸人听闻的警告，知识博主、流量红人反而鼓励我们大胆进场，拥抱未来。比试卷上的难题更让人绝望的，是参考答案居然不止一套。

事实上，我相信很多朋友跟我一样，对网络上流传的各种对未来趋势的断言都感到怀疑甚至疲倦。与其说是因为我们有全面的信息、更深刻的理解，毋宁说是生活在一个历史的转折点上，我们对那种被重复宣扬的线性时间想象已经感到厌倦。就像再高明的计算也无法100%预测明天早高峰时的天气状况一样，对于"明天"，无论我们眼下掌握多少知识和讯息，都无法给出一个明确的判断。如果执着于追问出个所以然来，就只能让自己陷入某种思辨的猫鼠游戏——要么近乎盲信地"赌一把"，要么在种种顾此失彼当中耗尽心力。

于是，回过头看，我们或许更能明白齐泽克掉转发问枪口的高明。齐泽克的策略是，通过假想一个注定失败的未来，给思考置入某种确定性。

结局已定的"明天"不再值得我们猜度，这是对"明天"的某种解绑。一旦"明天"不再是问题，我们就只需思考"现在"。

甚至进一步说，如果"现在"的一切都不会对"明天"产生效力上的影响，"现在"就成为一个姿态性、道德性的问题。问题延展到这个层面，知识和利益的权衡反而不重要，重要的是信念。

有朋友可能会说：抛开信息、知识、技术不谈，非要把话题扯到"信念"这样的玄学字眼上，这不是胡扯吗？其实这不是齐泽克的发明。在人类历史上，很多文明恰恰是用这样的方式，应对看似无解的未来难题。

以我在人类学领域相对熟悉的宗教为例——就目前的材料来看，无论是初民社会朴素的万物有灵信仰，还是文明成熟后发展出的制度化宗教，人类有力量的灵性生活中，没有哪一种鼓励人们以"投资"和"风险规避"的态度面对未来。相反，它们总是希望你认定无常的必然、死亡的必然、毁灭的必然，然后反过来思考"此岸"的一生该如何度过。圣洁之爱的证言也往往强调我们的情感不因富有或贫穷、健康或疾病而有所增减，这就是用此刻去征服未来的不确定性。由此可见，无论是朝向彼岸的信仰，还是流连俗世的情感，在处理未来之问这方面的基本策略是相似的。

所以，在文明的视野中，"明天"不是某种前方的时间节点，而是一种能让我们返回当下的思考框架。

如果人注定一死，如果世间繁华到头来都是一抷黄土，那么我们眼下的生活还有什么意义？于是乎，"明天"成为一种召唤，但不是让你空想明天，而是让你找到安顿在当下的"法门"。无论前方等待的是审判还是轮回，当下的信念和态度才是关键。若信念有偏差，即便豪掷千金修桥铺路，或许也只是虚妄的执念，无济于最终的解脱。很多人都听过"泰坦尼克号"巨轮沉没之前，船上那支乐团不停奏乐直至被海水吞噬的故事。那些乐手未必都有笃定的信仰，可他们在面对无可逆转的结局时，选择用理念和态度标明自己的价值和尊严。

在这种意义上，"给明天的一句话"如果是用以比拼当下谁更睿智、谁更通透，注定是一场输多赢少的赌局。这句话不应该是封印于时光胶囊中等待被验证的箴言，而是某种邀请，邀请我们以更为真诚的态度面对当下，对当下的生活有所交代。

命运这只九连环的吊诡之处就在于，如果你执迷于一定要参透"明天"，那么结局往往是首先牺牲"现在"；而为"现在"注入理念，往往又无心插柳一般给"明天"找到了一个锚点。因此，我更愿意把"明天"当作一种思考问题的框架，这样的未来常常以否定的姿态出现：假如失败了呢？假如夭折了呢？假如期盼的事情没有发生呢？这样带有挑战意味的提问不是为了让我们陷入犬儒主义，相反，对抗空无的方式不是成为空无，而是面对空无依然有话可说。

末日来临之前，我们依然可以爱他人、爱世间万物，依然可以关心粮食、蔬菜，依然可以阅读和思考——上述一切不能改变末日，却能改变尚未被末日吞噬的我们。

与此相应，我所理解的给未来的一句话，其实是为当下留一份证言，不是为了最终可以被兑现，而是为了让我们在未来到来的时候，求得一个解释：我为什么这样度过了一生？因为我曾经选择过相信。

在那些被迫要回答年轻朋友们追问的活动现场，我常常给出这样的观点：正是在面对未来诸多不确定因素的时候，我们才应该认真地审视一下眼前的生活，问一下自己有没有因为某种盲目的执念，选择抵押此刻的爱和幸福，去交换未必降临的成功。或者说得更不客气一点儿：我们有没有假借看似真诚而迫切的对"明天"的追问，去回避直面当下所需要的勇气？

祝福所有的读者朋友都能因对当下的勇气和赤诚，获得坦然面对未来的可能。

崔庆龙：一句话的力量

Profile

崔庆龙

独立执业心理咨询师

鸟儿挣扎着冲出蛋壳。
蛋是世界。
谁想要诞生,
就必须打碎一个世界。

——《德米安》[德]赫尔曼·黑塞

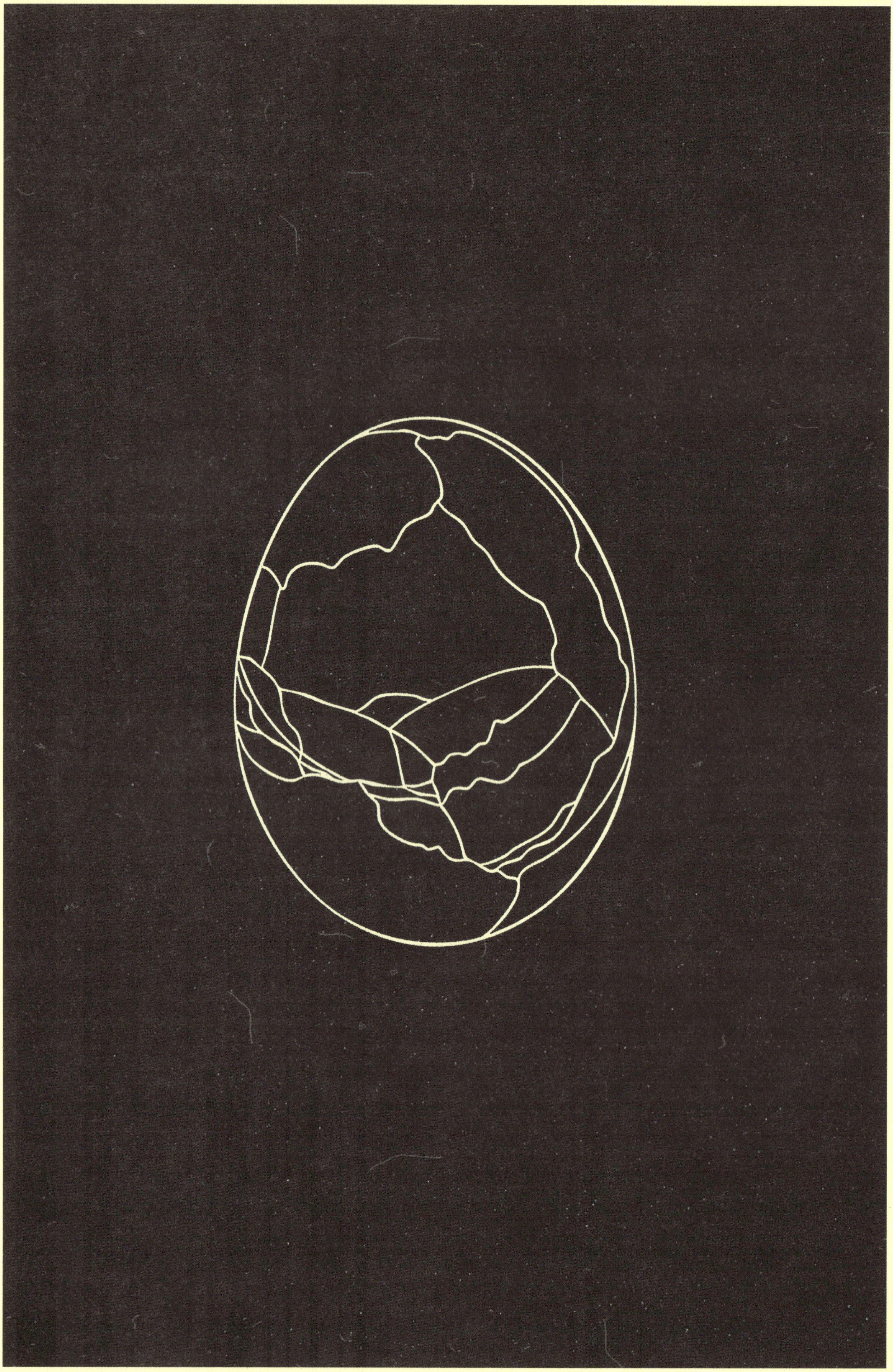

为什么有些时候，仅仅一句话就能够撞击人类心灵最深处的疑惑，并带来启示？

我想每个人从小到大都听过很多话，无论那句话出自谁口，被何人引述，但当那句话扰动你，并且能深远地改变你的生活时，那句话就和你有了联系。也就是说，一句话的力量，源于一个人在恰当的时间和情境下与那句话建立了联系。我们在情感上认同了那句话试图向我们揭示的东西，就好像在那句话出现之前，我们已经做好了聆听的准备。

语言不仅仅是符号，它的背后是一个具有品格和思想的主体，当我们聆听语言时，我们也在尝试与那个主体进行交互。无论一个人多么明智和富有认知，他总希望另一个心智能与自己内心世界里的线索有所呼应，而这种呼应的媒介就是语言。

我时常在自己文章的评论区看到这样的话："你把我想了很久但说不出来的话用文字表达出来了。"人们常用"某某是我的嘴替"来描述这种经验，它很像是心理治疗中的诠释，也就是以洞见的形式将一个人的经验描述出来。

合抱之木，生于毫末。九层之台，起于累土。

比如我曾经在文章里多次提到过《道德经》里的那句话："合抱之木，生于毫末。九层之台，起于累土。"这句话我很早以前就读过，但让我受到触动，却是在一个比较特殊的时刻。那时，我刚刚经历了一些因为浮躁而不断做出错误选择的事情，与此同时，也在一种新的生活践行中获得了些许清明。正是在那种混沌转向有序的边缘时刻，我再次读到这句话。就像黄钟大吕一样，一点都不夸张，一些东西在我的心里彻底荡漾开来。

在那个近似顿悟的体验中，我突然意识到，人本质上是可以做成任何事情的，这不过是一个微小行动在时间作用下的持续累积，一个月不够就一年，一年不够就十年、二十年，更久。我也突然意识到，人不需要做好每一件事，但需要认真对待每一件事。完美主义和行动主义在曾经模糊的交织中有了一种微妙的区分，就像是在沙粒中看见混沌的世界正在变得分明，不可思议。

就在那天，我体验到一种奇异的感觉，我为曾经的无知和自负感到惭愧，但这种惭愧不是自我攻击，而是一种柔软的、向着规律臣服的惭愧。那天我把朋友圈的签名换成了"愿匍匐为天地间的一粒微尘"。那是我第一次感觉到谦卑而不是自卑，我只想把自己倒得空空如也，把所有的傲慢和成见都倒出去，好让我有一个浩瀚的心理空间去纳入全新的东西。

现在回看，《道德经》里的那句话之所以起作用，是因为我已经孕育了足够多的心理火种，就差一点点关键的助燃剂。那句话的出现，就像是捅破窗户纸的最后一指。我后来意识到，在这之前，我已经开始了认真的生活，坚持每日禅修，做感恩练习，用善意对待别人，深入研读各种经典,这些行动已经在孕育和感召一些莫名的东西。正是这些经历,让我深深知晓了因果的可畏,你的言语和行动就是种子,只要条件成熟,它就会结出果,你的造作就是你的命运。当一句话撞击到心灵时,它必然是一种不可见的翻涌和重构,只有当我们的经验中已经包含和那句话相关的疑惑时,那句话所蕴含的道理才会给予我们至深的回应。

在当今的社交媒体上,我们常常会看到一些"引用",来自沉寂多年的名字,无论是诗人、作家、哲学家、宗教家还是政治家。在这个语言不断窄化和圈层化的时期,它们再度流行起来,包括一些经典的老歌、老电影。这说明人们一方面在被各种碎片化的传播媒介训导着,另一方面又在反抗。这就像当影视业充斥着滤镜浓厚的幻想主义题材时,一部严肃冷峻的现实题材作品会爆火一样。人们并不完全热衷于包裹着现实内核的那一层糖衣,当抚慰足够时,人们就渴望面对,因为面对是体验力量最直接的经验形式。

比如海德格尔提出的"向死存在"几乎能在任何地方看见,无论海德格尔本人在何样的心境和语境下说出这句话,仅就字面意思而言,它是"容易理解"的,或者说,它是容易被赋予理解的。在大众语境下,它常常被赋予一种勇气和超越的色彩,即便海德格尔原本想要表达的并不是这样的情感,而是对人类存在本质的追问,以及在认识到"向死地存在着"这一本质后,应当选择摆脱"沉沦"(verfallen)的生活方式。但我们不能说这种理解是没有意义的,人是经验的主体,与此同时,人也是经验的诠释者,人会将文本的意涵建构成自己想要体验的那种样子。

也许我们无法在海德格尔的语境下彻底解读文本,包括今天流行的很多短句名言,也都是缺少语境和上下文的,但它们却存在着体验的情境。换言之,我们都需要海德格尔所说的那种"本真的存在"的经验,因为生命是一个不断迈向终结的过程,倘若一个人能意识到这一点,他必然不会落入庸常的生活经验中,必然会知晓虚度和荒废的巨大代价,也不会沦陷在对过去之事的无限追缅中。人的存在本质上是一种"未来性",即人始终面向未来规划自己,但这个未来最终以死亡为终点。可以说,"向死"并不是对过去的回顾,而是一种始终面向未来的存在方式。

因此,即便我们不完全理解海德格尔,但人类经验的一些共性必然会让我们探寻到一些对的线索,该如何活的直觉和本能也包含在这句话所揭示的道理中。因为非本真的存在是了无生趣的,甚至是令人痛苦的,无论在这种经验下我们获得了什么,我们都会失去满足感和意义感。因此,人们总是会想方设法超越已经存在的困境,用人本主义心理学家罗杰斯的话来讲,一棵树总是知道它应该朝向的地方在哪里。无论它是现实的,还是心理的。

在今天,这种超越性的话语随处可见,与主体经验相对的始终是一个客体,有超越的情感就有被超越的对象,无论是西西弗斯神话里的隐喻,还是弗兰克在绝境中的不屈,又或者是辛弃疾和苏轼那种悲郁底色中的豪放,都能让人们在当下的时代困境中获得力量和勇气。

这些年我们常听到有人说："这是一个不需要英雄的年代。"也许人们所说的是外化的英雄。反过来讲，人们其实一直都在找寻内化的英雄，或者说，需要英雄经验中的勇气和无畏。比如那句："世界上只有一种英雄主义，那就是认清生活的真相后依然热爱它。"这句话有多流行不用我多说，流行说明它被很多人体验为和自己有关，同时它也是一句充满力量的话。正如前文提到的，有超越的主体就有被超越的对象，人类只有在面对现实的残酷时，才需要这种经验。倘若我们所在的世界是轻松和如愿的，那么只需要像孩童那样嬉戏游玩即可。

所谓力量，就是人在负荷沉重时依然自由的体验。

因此，任何一个面对挑战的人都需要力量，人们并不惧怕困难的游戏，而是惧怕自己没有通关的能力。在人生的重重关卡中，我们希望自己就是那个可以过关斩将的英雄，不得不过，不得不斩，因为退缩会换来更大的围剿。

其实，给人带来深远影响的一句话，未必要出自大家名人。话语的力量来自建构者本身的经验组织过程，就像曾经对我产生至深影响的一句话来自我的一位初中同学，他并不是博闻广见之人，却是一个认真对待生活的人。有一次，我得知他花了整整一个星期去做一件麻烦无比的事情，我问他会不会觉得烦。那时，他只是很随意平常地对我说道："自己的事自己要操心。"

从那之后，这句话就经常在我的脑海中浮现出来。因为那位同学就是这样一个人，他说这样的话是足够令人信服的，他具备我所不具备却又渴望拥有的品质——那时的我总是期待有人帮我处理麻烦，我总是在麻烦的事情上拖延。后来每当我对一些事情感到懈怠时，总是会想起来这句话，以及那位同学说这句话时的语气神态。这段记忆之所以深深地印在我的脑海中，正是因为它在恰当的时间，以恰当的方式回应了我，和我建立起了关系。

人是经验的主体，人所在的世界本质上是一个经验的世界，我们用自己惯常的经验感知这个世界，并做出行动。经验让我们变得连续且有积累，我们的品质和能力也源于这种积累。同时，经验也可能让我们变得僵化，封闭在某一时刻的狭隘中。因此，我们所追求的任何不属于此刻的事物，都是在我们成为新的那个人以后，一个新的自我诞生，意味着一个旧的经验世界被颠覆。在此刻和朝向未来的区间里，给明天的自己一句话："鸟儿挣扎着冲出蛋壳。蛋是世界。谁想要诞生，就必须打碎一个世界。"

关于明天，他们说……

> 绝望之为虚妄，正与希望相同。
> ——《希望》 鲁迅

姜宇辉
华东师范大学政治与国际关系学院教授
《新哲人》中文版主编

这本是匈牙利诗人裴多菲·山陀尔的一行名句，后为鲁迅先生着重援引，并写成了《希望》这一篇名文。虽时过境迁，但诗情与哲思之间那种刻骨铭心的激荡，仍然能够给今天的我带来无比震撼。面对一个日渐荒芜与虚无的数字时代，无论是价值、意义还是真理，似乎都在烟消云散、土崩瓦解。从绝望之中燃起希望，用切实的思想与行动去对抗那无尽的暗夜，是我自己一直以来从先哲那里获得的鼓舞与激励。我也真心希望用这句话与大家共勉，上下求索，砥砺前行。

> 源泉混混，不舍昼夜，盈科而后进，放乎四海。
>
> ——《孟子·离娄下》

梁永安

复旦大学人文学者、作家
代表著作《重建总体性》《王莽》等

"科"是沟坎，"盈"是灌满。山上的泉流蜿蜒曲折，遇上沟坎，总是把它"盈"满，而后继续前行。在转型时代，我们的人生何尝不应如此？一片片经验空白、一处处认知难关、一道道文化差异，都是"科"。我们需要静下心沉淀，需要在精神深处"盈"满反思的力量。生命有动有静，能"盈科"的人才能"放乎四海"，这古老的中国智慧，历久弥新。

> 如果你找不到路，
> 　　一定是路在别处，
> 如果你感到彷徨，
> 　　可能只是通过这种无措来
> 　　反对逻辑的霸权，
> 如果你此刻破碎，
> 　　勇气可能就藏在本能的后面。
>
> ——《单读.36,走出我房间》 吴琦主编

吴琦

《单读》主编
播客《螺丝在拧紧》主播

让我们面对现实吧：在今天的变局之下谈未来、谈期待，真的还会有人相信吗？在现代社会摸爬滚打过一阵的普通人，最大的教训恐怕就是，不要轻信那些脱口而出的愿景和过分精巧的道理。求人不如求己，在这种时刻，我宁愿回到自己在书里写过的这句话，从我们身体的本能、从心灵的内部、从自己眼前的每时每刻，汲取继续向前的生命力。

保持希望是一种道德选择。

——《左翼不等于觉醒》（*Left Is Not Woke*）[美]苏珊·奈曼

杨潇
作家、记者
代表著作《重走》《可能的世界》等

作为哲学家，苏珊·奈曼追随着康德的思想，提出了一个观点："保持希望"并非一种认识论上的立场，而是一种道德上的立场。她用自己的话来解释这个观点："希望不同于乐观。乐观是拒绝面对事实，而希望则是面对并试图改变事实。当世界真正面临危险时，简单的乐观是可耻的。"

我们似乎总会在某一年，
　　爆发性地长大，
　　爆发性地觉悟，
　　爆发性地知道某个真相，
让原本没有什么意义的时间的刻度，
成了一道分界线。

——《为了报仇看电影》 韩松落

韩松落
作家
代表著作《春山夜行》《晚春情话》等

许多人的惊醒、觉悟、知晓，都在一瞬间。尽管在此之前，要经历漫长的累积、漫长的痛苦和欣悦，以及漫长的告别，甚至还要经历许多微小的觉醒和微小的死亡，但有了这一个瞬间，此前的一切经历都不算消耗。我们必须知道这个分界线的存在，把当下的一切看作积累和告别，踩着或大或小的分界线，走向曙光。

人们望向窗外：

　　水稻和苜蓿田早已远去，

　　　　被葡萄园和杏树林取代。

人生已经行路至此，

　　也许这就足以构成

　　　　继续旅程的理由。

——《亲爱的朋友，我从我的生命里写进你的生命》
（*Dear Friend, from My Life I Write to You in Your Life*）　[美] 李翊云

张之琪

媒体人
播客《随机波动 StochasticVolatility》主播

这句话摘自作者的回忆录，她在书中讲述了自己与抑郁症斗争和住院治疗的经历，同时也分享了她对许多作家作品的阅读和思考。在书中，她引用了作家凯瑟琳·曼斯菲尔德临终前写下的话："火车停了。当火车停在两站之间的开阔田野上，人们自然会探出头去，想看看发生了什么。"这是生命的必然。窗外是逝去的过去，前方是即将到来的未来，而火车则停在这两者之间，即使"当下看似无名之地，但人们正是要利用这无名之地"。望向窗外，风景在不断变换。我第一次读到这句话是在2024年2月，那是北京上个冬天的最后一个雪夜。转眼间，又一个春天来临，前方还有葡萄园和杏树林。我想把这句话送给大家，与旅途中的每一个人共勉。

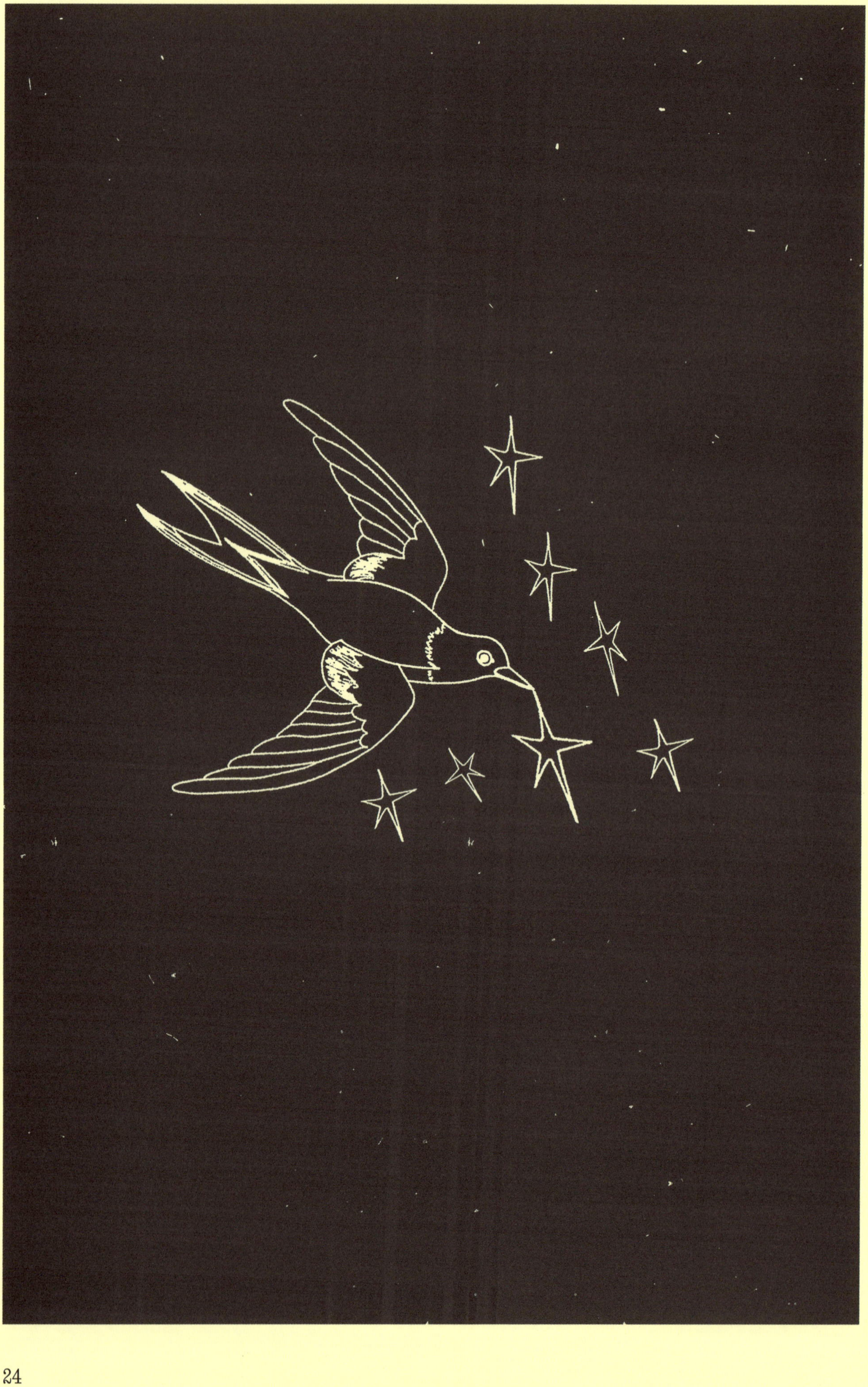

今天永远比明天年轻。

倪夏莲
乒乓球运动员
在 2024 年巴黎奥运会上，以 61 岁的年龄成为该届奥运会中最年长的参赛运动员

年龄从来都不是限制，只要有想做的事，今天就是充满希望的。明天也会变成今天，对明天的最好回应就是要用快乐的、年轻的心态过好今天。

永远地、永远地拥抱自己的工作不放。

——沈从文

许鞍华
电影导演、编剧、监制
代表作品《桃姐》《黄金时代》等

这句话最初是沈从文写来鼓励黄永玉的，后来被黄永玉用来赞赏齐白石。齐老先生日复一日、不知疲倦的创作热情，曾让黄永玉很受鼓舞。这三位都是我特别尊敬的大师，这句话也一直激励着我。

我没有工作，我只是不断做列表上的下一件事。

——[英]尼尔·盖曼

马家辉
作家、文化评论学者
代表著作《龙头凤尾》《鸳鸯六七四》等

我曾在网络上看过英国作家尼尔·盖曼的一些演讲视频，每次都能激发我的深思。其中，最让我难忘的是他十几年前在费城艺术大学的演讲。在那次演讲中，他鼓励年轻的毕业生们要拿出勇气和意志，在漫长的创作道路上坚持向前。当时的我虽已不再年轻，却同样受教。对于盖曼而言，创作虽然是一份收入可观的工作，却并非他个人动力的源泉。他念兹在兹的，始终是如何妥善完成心里想做的事情。盖曼说，要把想做的东西"想象成一座山，一座遥远的山"，他会拒绝任何让他远离这座山的事情，而愿意接受任何让他更接近这座山的事情。"只要有一件事感觉像是冒险，我就会一直做；当它感觉似是工作，我就停下来，因为生活不应该感觉像工作"。

尽自己的努力，
完成自己的使命。

——《可爱的契诃夫》 [俄] 安东·契诃夫

彭奕宁

编剧
代表剧作《我的阿勒泰》

随着年龄的增长，我越来越感受到，生命中真正能够被"控制"的事物实在是寥寥无几，几乎可以说没有。契诃夫的这句话缓解了我的焦虑。面对大自然的绝对威严，人生似乎并没有太多意义，不过是寻找一些事情来度过这一生——写作也好，制造火箭也好，打麻将也好，这些或许都可以被视为他所说的"使命"。而我们所能做的，就是"尽力"二字。

再颠簸的生活，
也要闪亮地过呀！

——网络剧《我的阿勒泰》

闫佩伦

演员
影视代表作《我的阿勒泰》《大奉打更人》等

人生道路并不是一路平坦，磕磕绊绊也许才是常态。要坚信，无论生活多么颠沛流离，我们也可以闪亮活好这一生。

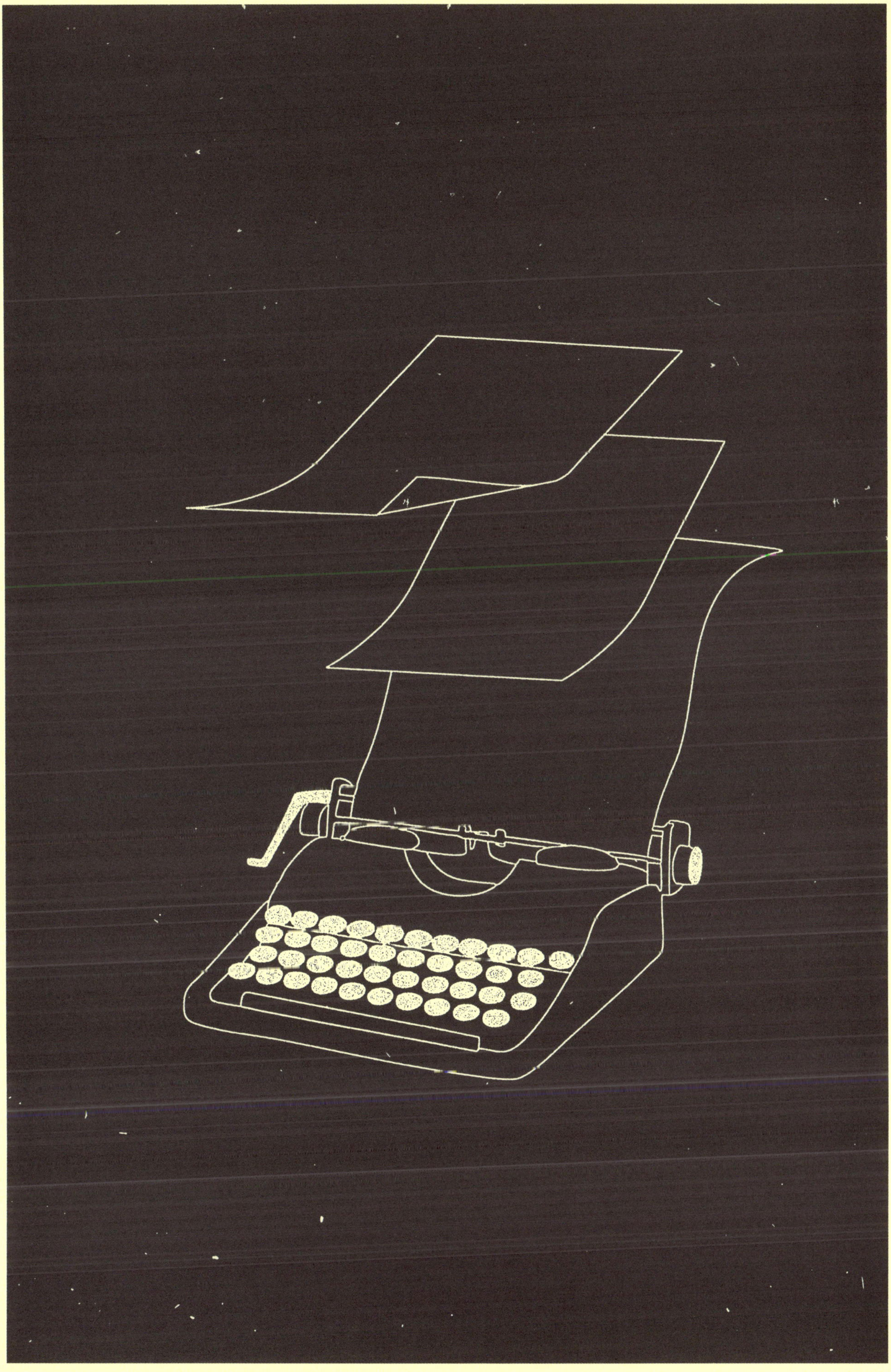

真正的成长不只是对新技术的掌握，更是我们如何在人与智能之间找到彼此的价值与尊重。

——《软件体的生命周期》 [美]特德·姜

姬十三

果壳网 CEO
未来光锥前沿科技基金创始合伙人

坚信未来的进步不仅源于技术的迭代，更在于我们如何理解、尊重并善待与技术共生的智慧生命。在智能时代，这句话揭示了人类与智能相互理解、协同前行的重要性。

正是人为创造的不完美，才赋予空间独特的个性和一种不可替代的力量。

青山周平

B.L.U.E.建筑设计事务所创始人、主持建筑师

人工智能和大数据正在深刻地改变着各个行业，设计领域也未能例外。机器能够迅速处理海量信息，并提供高效合理的解决方案，这极大地提升了设计的效率和科学性。尽管如此，人类设计师仍旧拥有机器无法复制的优势，即手工创作中的"偶然性"和"不可控"之美。那些非数字化的设计细节，赋予了空间独特的艺术性，手工痕迹所承载的情感，也是技术无法替代的。

有些人认为这种新的数字文化是自恋和俗气的。但更重要的是意识到这种文化是新的。

——《如何观看世界》 [英]尼古拉斯·米尔佐夫

陆晔

复旦大学新闻学院教授
主要研究领域为新闻生产社会学、受众研究、新技术、影像与日常生活

最近重读这本书时,我重新审视了"无论我们是否愿意,新兴的全球社会都是可视化的"这一观点。智能手机、移动互联网、短视频平台、算法和人工智能的快速发展,以及以自拍为代表的个人视觉表现(及其背后的网红经济)正在重塑我们社会生活的各个方面,并催生新的文化观念。数字技术将"元图像"转变为"元媒介",赋予其时间、地点和数据属性,由代码生成的视觉世界成为创造和变革的技术基础,也隐含着关于未来和明天的文化密码。面对明天的新文化,保持开放和创造性的视角至关重要。

**通过消除否定性和所有形式的震撼与伤害,美自身变得平滑起来。
美只存在于我喜欢的事物中。
审美化被视为麻醉。它使感觉变得迟钝。**

——《美的救赎》 [德]韩炳哲

荞麦

作家
代表著作《无尽与有限》《普通婚姻》等

美在这个时代不断通货膨胀,一边被崇拜,一边又失去了某种超越性。美、积极、平滑……某种程度上正在消除我们生活的真实与强度,而这些词的反面:丑、负面、不断出现的障碍,可能更接近生活的真相。更强烈地接近现实生活,是我对于明天的期许。希望我们都能够更多地在现实中生活,接受它的复杂,而不是逃避到一个只有"平滑之美"的世界中。

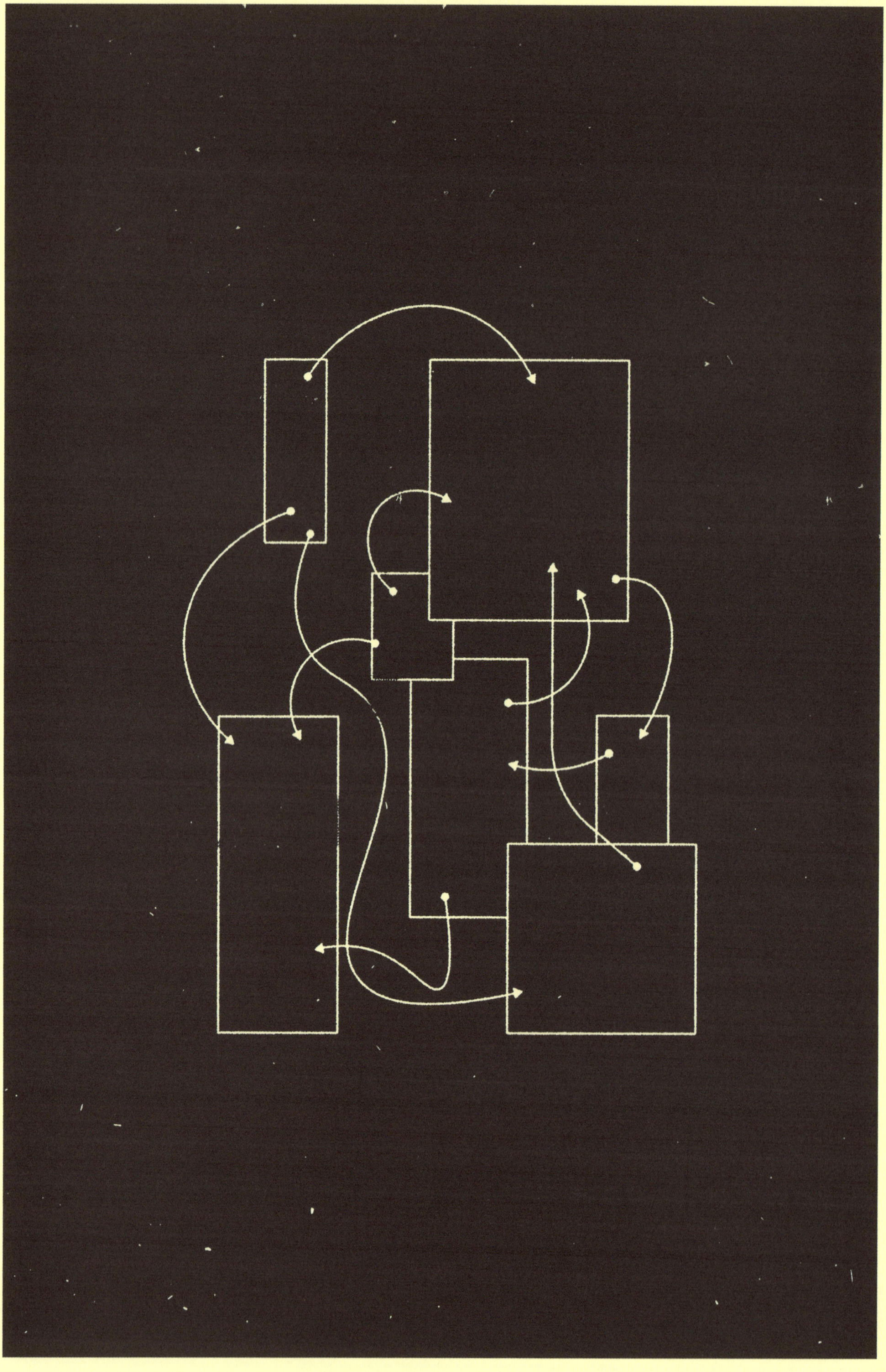

所有我们思考过、
　　爱过和做过的，
　　　　以及希望过，和经受过的，
都不过是在最高者那里
　　开花结果后的种子。

——《悼念集》 [英]丁尼生

糖匪

科幻作家、评论人
代表著作《后来的人类》《奥德赛博》等

这句诗以一个看似谦逊的结论赋予我力量。我们的思想、情感和行为并非无根之木，它们在一个更高维的世界中生根发芽，构成了超越个体的宏大叙事。所有的体验和感受都有意义。因此，无论何时，尤其是在遭遇挫折时，我们都不应怀疑自己身上普遍存在着高尚的精神和值得珍视的品质。要守护这些东西，用于对抗内外的黑暗。在混乱的世界中，相信秩序、善和爱都是真实的，这种相信将成为我们的力量源泉。

每个人命运的
灯塔都不会长明，
在看不清前路的时候，
我们就选择相信希望。

薄世宁

北京大学第三医院危重医学科主任医师
著有《薄世宁医学通识讲义》《命悬一线我不放手》

在人生旅途中，命运的灯塔不会始终明亮，指引方向的光芒有时会减弱甚至消失。然而，正是在这样的时刻，坚守希望所带来的前行的勇气显得格外重要。这是一种深植内心的信念——无论眼前多么黑暗，转机与可能始终存在，前方总有更好的风景在等待着我们。

假如不能再见到你，
　　那就祝你
　　　　早安、午安、晚安！
　　　——电影《楚门的世界》

门腔

脱口秀演员、职场博主

最近我重温了这部电影，又有不一样的感觉。我注意到这句台词里有对明天的期待、豁达和松弛。如果我的理解和大家不同，那就当我在祝福大家早安、午安、晚安吧！

33

对话，聊聊当下

○ Section 2

今天是明天的昨天，

　　　拉长时间维度，

我们有哪些共同的人生课题需要面对？

严飞×王小伟：

以日常着陆

> 明日世界的风景，都在今日世界的我们的手里。
>
> ◎ 我们需要从当下出发，穿透固有的视角、重建感知的能力，在对世界的回顾、思考和经验教训当中，来探索一个可能的明天的世界。

严飞

清华大学社会学系副教授，著有《悬浮》《穿透》等。

生活在城市里的人们，习惯于用一些数字来概括自己的经历：换了3份工作、搬了6次家、谈了4段恋爱……在这些抽象数字的背后，是被我们逐渐丢失的生活细节。得益于越来越精细的社会分工和丰富的技术手段，我们看似拥有了更便捷、更多元的生活，却又经历着无所依寄的空虚。漂泊在都市的我们，正在面临什么样的生活处境？又该如何在这样的处境中安放自己的身心？

社会学学者严飞在《悬浮》一书中描述了都市异乡人的"悬浮"状态——"无时无刻不在流动，游离于乡村与城市之间，没有根基地悬浮在社会之中，经历着期望与现实断裂而造成的身份焦虑与迷失"。而著有《日常的深处》一书的学者王小伟，则从技术哲学的视角重新审视人与人、人与物之间的关系，探讨现代生活的另一种可能性。在这场对话中，我们与两位老师共同探讨了当下都市人群的生活状态，以及我们和城市的关系。

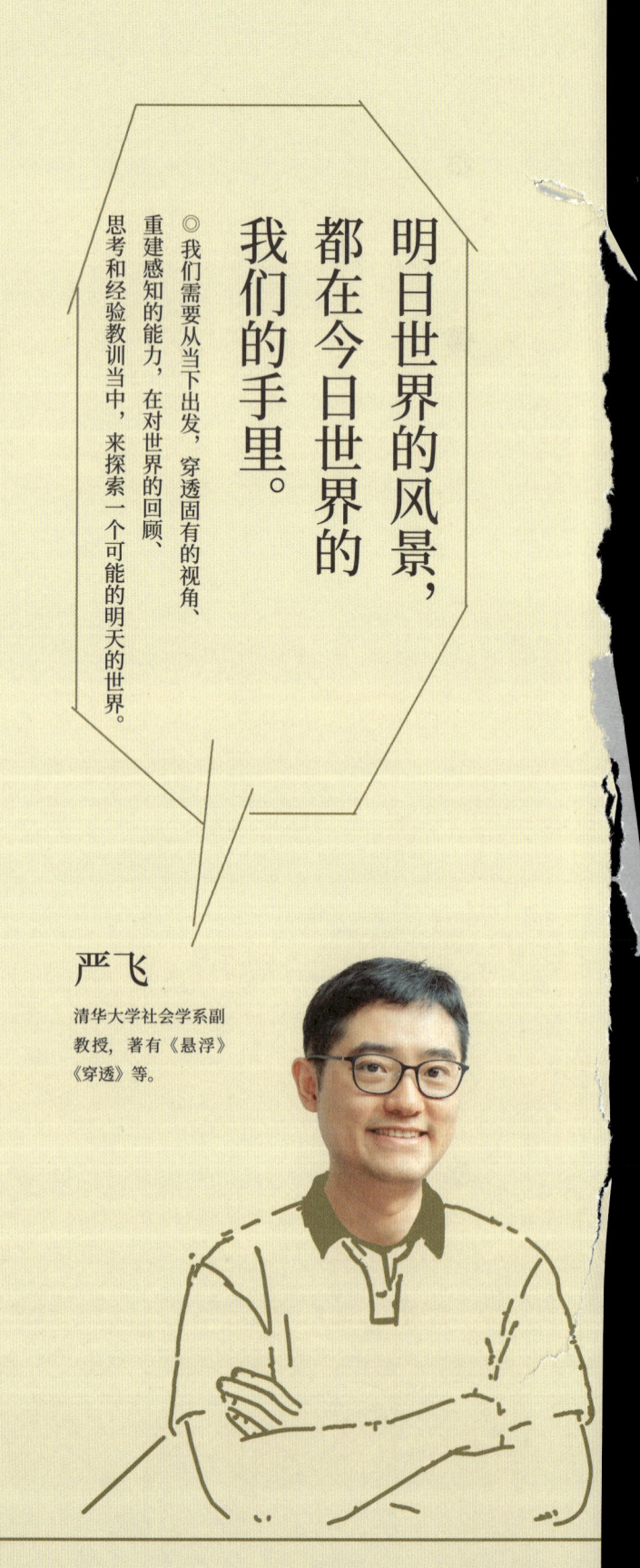

采访＆撰文／吴筱慧　编辑／周依

当"悬浮"的人们想要落地

about　我们现在经常用"悬浮"来描绘当代人在城市中的生活体验。据你们观察，城市人群呈现出什么样的悬浮状态？在生活中有什么具体的体现？

严飞　我常常用一辆高速行驶的公交车打比方：公交车开得飞快，甚至慢慢脱离了地面，你想尽一切办法去抓住扶手，但车上挤满了人，扶手又有限，抓不住扶手的时候，你心里就会特别慌。这种慌乱，就是一种所谓的"悬浮"状态。今天的年轻人对未来、对生活普遍有一种无意义感，好像无论多努力，都无法找到一份称心如意的工作；想追求自己想要的生活，但是父母、亲戚不断催促"到了什么年龄就该做什么年龄的事"……似乎所有的人生选择都来自其他人的推动，这种丧失自主选择权的人生，就容易让人丧失意义感。

同时，我们今天处在高度数字化的时代，一通语音电话几乎就可以迅速联系上任何人。这样的人际交往方式看上去满足了即时的交流需求，但实际上人和人之间并没有建立真实的连接，社交关系往往流于表面，缺乏深度和持久性。除此之外，城市生活还有一种文化参与边缘化的趋势，人们会觉得参与公共生活的综合成本很高，也不一定有收获，更倾向于把时间花在玩网络游戏、刷短视频和短剧上。

王小伟　项飙老师也提到过"悬浮"的概念，他说很多年轻人要像蜂鸟一样不断地振翅，才能够达到一个平衡状态。我的感受也是如此，悬浮已经是我们拼尽全力才能达到的状态。因为我们想要的状态实现不了，但又不愿意回到家乡或原有的生活模式，于是卡在这里。我们很努力地忙着，又很难回答自己为什么要这么忙，以及这种忙碌有什么意义，因此常常会陷入某种倦怠——每天都在疲于应对各种各样的挑战和微信消息，试图把自己所有可利用的资源最大化，在朋友圈展示自己最好的一面，仿佛一点时间都不能留给自己，稍微留一点就觉得自己在堕落、在下坠。这种自我催逼的状态往往会给人带来焦虑。

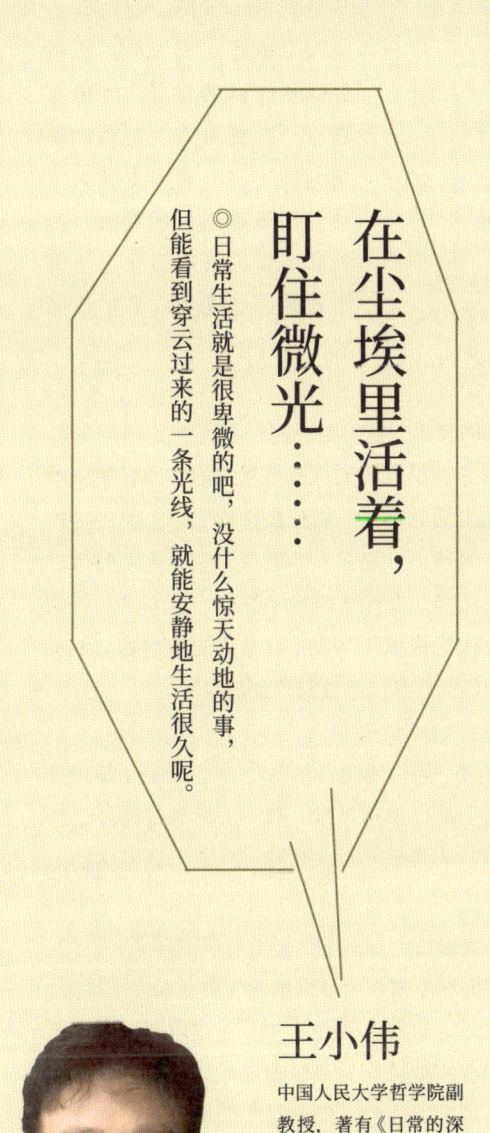

> **在尘埃里活着，盯住微光……**
> ◎ 日常生活就是很卑微的吧，没什么惊天动地的事，但能看到穿云过来的一条光线，就能安静地生活很久呢。

王小伟
中国人民大学哲学院副教授，著有《日常的深处》《技术意向性与现代技术治理》等。

严飞　海德格尔的演讲《泰然任之》里有段话让我印象很深，是说当时的德国人失去了家乡，不得不离开自己的村庄和城市，而留在故乡的人也无法真正地在他们的根基上生活，因为每天都在听广播、看电视，接收外部世界的信息。现代技术，比如即时通信工具，已经使人们无法真正意义上生活在自己的家乡和土地上，这必然导致一种无根的状态。

about　确实是这样，现在很多漂泊在城市的人也面临着"城市留不下，故乡回不去"的问题，仿佛异乡人的身份让他们天然处于这种"悬浮"状态。你们觉得"悬浮"是由个体的"出身"决定的吗？

严飞　从社会学的角度来说，回答一定是否定的。出身通常是指经济背景、教育水平、地域特性等因素，它们当然对一个人有重要影响。但个体的悬浮状态，还要看究竟有哪些结构性要素带来了深度的紧张，导致个体无法被社会体系、城市包容进去。这一点是我特别想要强调的。

在大都市生存的本地人也会有悬浮的感受，在一些特定的领域，他们也会处在深度的悬浮状态。比如在大学里工作，会有填不完的表格和需要完成的各种考评，像大卫·格雷伯的《毫无意义的工作》这本书里面所说的，把大量的时间花费在很多毫无意义的场景和工作上，身心俱疲。悬浮程度的高低并不在于你是本地人还是外地人，也不在于你是什么职业或阶层。我们都"困在系统中"，此时必然会有一种深深的无力感，促使我们想要抓住一些确定的东西。如果抓不住，就会产生更深的悬浮感。

王小伟　我想不是因为离开了家乡才有悬浮感，我现在即便就待在家乡，还是挺有异乡人的感觉。我相信很多在外漂泊的人回到家乡，也会觉得和当地格格不入，尤其是年轻人。家乡复杂的人际关系、对于某种特定职业的强调等都使他们觉得，尽管在大城市有各种各样的挑战，但生活的感受比在家乡要好得多。

about　你们认为"悬浮"状态背后的原因是什么？

严飞　我把悬浮背后的原因归结为一种结构性、系统性的张力。假设我们在戏院坐着看戏，有些人觉得站起来可以看得更清晰，于是站了起来，后面的人被挡住，也不得不站起来。这是一种深度的内卷，导致大家做了很多无用功，最后看到的戏却是完全一样的。这时有一些观众就想走出戏院，去看外面更广阔的世界，觉得也许有一些更真实、更精彩的戏剧在上演。走出去的人又会被留下来的人所嘲笑，因为后者觉得就应该在这里继续看戏。这就变成了柏拉图的"洞穴之喻"[1]。

1　洞穴之喻
柏拉图在《理想国》中描述的对人类知识的基本想象，以洞穴中的囚徒与走出洞穴的过程，比喻人类的无知状态与通过教育获得真理的过程。

王小伟　悬浮感的背后，其实是我们和生活意义的疏离感。我们以前觉得生活天然是有意义的，或者从来不去追问生活的意义。做什么样的工作，什么时候结婚、生孩子，怎么去孝敬老人……我们的每一个人生选择，在传统语境中都有一套固定的行动套路，代代传承，不会有对意义的焦虑感。只有非常现代的心灵，才会问"我是谁"。

萨特写过一部小说叫《恶心》，男主角是个知识分子，每天都过得很平常，有一天突然觉得自己特别奇怪——手怎么长在胳膊上？我怎么坐在椅子上？旁边的人为什么走来走去？他通过一个全新的视角去看待一切，会觉得所有事物都莫名其妙。而当我们和原来那个非常坚固的意义保持了疏离，又会遭遇生命难以承受之"轻"，这就是现代人所面临的独特处境——存在的焦虑。生活看似给你带来了很多可能性，但你又不能马上获得自我实现的资源，这种痛苦就是现代人特有的向内叩问的痛苦。

about　两位老师分别是从社会层面出发，认为悬浮感是由内卷等社会问题所致，以及从精神层面看，它源于我们对存在意义的疏离。那么当悬浮成为城市生活的常态，对每个个体来说，又会带来哪些问题呢？我们又该怎么理解这种社会趋势？

严飞　在个人层面，我发现今天年轻人特别喜欢研究心理学、做心理咨询，这就说明长期的悬浮状态可能导致普遍性的焦虑，久而久之让人们的心理出现亚健康状态。还有，很多人不想参与真实世界和他人产生联系，这种与社会脱节的感觉也可能会影响个体的社会认同。

在社会层面，当人们不再愿意投身到具象的交流和交往中，社区的凝聚力也会削弱，导致人们的社会资本[1]不断减少。这就可能出现哈佛大学教授罗伯特·D.帕特南在《独自打保龄》里面所提到的现象，即过去人们有高度发达的社会关系网络，但今天的美国人不再结伴去打保龄球，而是独自一人。

[1] 社会资本
社会学术语，指个体在社会结构中所处的位置给其带来的价值。

王小伟　我觉得学会面对悬浮是一个特别重要的人生课题。年轻人不想完全回到传统的社会，但同时又不能完全投入当代的叙事，去追求线性的成功、不断地消费和挣钱，因为这同样无法给存在的意义找到根据。而真正探寻自己、开始为自己而活的一个重要前提，就是和悬浮感和解。悬浮本质上就是和别人的叙事、过去的意义保持距离，正是这个距离，才能让你真正地理解自己是谁。因此，我们需要把这种感受看成一个契机，用各种各样的方式向内追问：我究竟要做什么？我存在的根据是什么？我怎样才能过上有意义的生活？这个过程是必要的，它是一个自我成长的过程。

我在很年轻的时候是一个强科学主义者，非常个人化。现在我30多岁，生活中加入了老人和孩子的视角，突然对时间有了不一样的感受。我发现自己正好处在生命老去和新生的接续阶段，需要用不同的人格状态去面对现在的生活，这对我摆脱"意义的焦虑"还挺有效的。

about　这让我想到一句话，"悬置当下，就必然永远地焦虑"，所以我们需要学着与悬浮感和解。刚刚王老师提到现在年轻人不想回到过去，但现在怀旧也很流行，你们怎么看这样的现象？

王小伟　我觉得怀旧是非常正当的感受，有很多哲学家，比如斯维特兰娜·博伊姆，她就觉得在这个时代怀旧是全球性的现象。我们怀旧其实是为了创造另一个向度，更清醒地观察当下的生活状态。当然，我们也可以通过科幻叙事，从未来回过头审视现在。如果能拥有更多的视角去审视当下，知道生活在什么意义上是自己在过，而不是别人教你过的，那就挺有收获了。

严飞　对，我想怀旧实际上是追溯自己的来路。我经常向大家推荐社会学家迪迪埃·埃里蓬写的《回归故里》，作为社会学学者，我也会因为各种契机不断回到自己的家乡，重新思考，我孩童时代父母的养育方式对我今天的数据研究起了怎样的作用，以及对我认识和判断这个世界有什么关键性的影响。我觉得回到一个过去的时间点，去看那时候自己的状态，实际上可以帮我更好地看清楚今天的我，以及我未来的道路应该怎么走。

about　我们现在还经常怀念一种过去的人情味，那么随着现代社会的流动性增加，是不是必然会导致人情味的缺失？我们还能寻回这种人情味吗？

严飞　我会怀念过去的人情味，也会觉得伴随现代化都市的高速发展，在这个越来越数字化的时代，人与人之间靠"点赞"和"点评"产生连接，过去富有市民气息、烟火气息的人情往来必然逐渐减少，甚至消失不再。

那么在未来，我们是否会深度陷入个体高度原子化、"独自打保龄球"的社会状态？无论如何，也许我们可以从现在开始做一些小小的改变，在公共事务参与层面，更好地参与社区的建设。今天有很多年轻人已经跳脱出传统的架构或者束缚，做出了一些创造性的举动，比如在社区组织活动，一起种花，一起上夜校学习弹吉他，一起骑共享单车去吃早饭。这样的活动很有意思，有很多想法都是值得鼓励的。

王小伟　我完全认同这一点，人和人之间真的是需要连接的。特别功利的、带着目的性的连接，或者经由工作职责发生的连接很常见，但人们之间纯粹的连接在减少，甚至这种连接的能力，从我这代人开始已经变得特别弱了。

比如在当代职场环境中，同事之间的关系更多是策略性的。我父母那个年代，单位就是每个人全部的世界。而今天，同事们并不生活在同一个世界，他们只不过是在上班的时候为了工作暂时合作，私下每个人有完全不一样的生活，世界观的差距也可能非常大。现代社会中，想要在职场建立纯粹的连接几乎是做不到的，如果有人努力尝试，就会被当作"职场小白"。人们普遍持这样的看法，我对此还挺困惑的。

我们都是都市里的"陌生人"

about

《悬浮》这本书里提到，外来务工者从家乡来到一个全然陌生的大都市，渴望融入城市的生活，但又常常没有办法走进都市的繁华和喧闹。很多来到大城市漂泊的年轻人，其实都有这样的感受。我们为什么会产生这种无法融入的感觉？

严飞

我有一篇文章，讨论的焦点就是今天城市发展中一个突出的问题——"地方空间化"。地方（place）和空间（space）是两个完全不一样的概念。地方不仅仅是一个物理的位置，它与人紧密相连，人和地方之间会产生主观的情感联系。如果城市缺少了这样的地方，就会退化为仅具有物质功能的一种空间。

在海德格尔看来，居住是一种"自我与世界融合"的状态，我们通过体验的方式参与世界。但今天的城市规划，不断地强调"出来"。现代都市的标准化规划，使得我们的街道、社区高度趋同，无法激发起人们的感官体验，功能化的区域划分也会阻断人和人之间社会交往的可能性。一切城市建设都以秩序、便利、快捷、高效为目标，但所有我们熟悉的感官体验和人际互动，都无法通过标准化的手段来实现。这就会导致人们在城市生活中感到孤单和疏离。

王小伟

其实很多哲学理论中都探讨过关于空间的问题，像是列斐伏尔谈的空间理论。我在书里也写过，比如我们吃饭的空间正在发生变化，现在去外面吃饭都需要去大商场了，因为很多大排档都消失了。这可能是为了满足现代城市治理的要求——整洁、卫生，我也不觉得这些要求本身有问题。但我不禁想，能不能适当保留一些符合人的身体和感官需要的生活要素？

我们都是用身体来丈量这个世界的。我们并非一出门就开车、坐车，有时候也需要走两步。如果所有的街道都让汽车先行，所有的超市都建在以驾驶距离为基准的位置，那人们在城市里生活就会感觉很糟糕，经常痛恨自己走得不够快，不愿意在这个城市里行走或停留。如果没有空间让人们连接，人们只能坐在家里拿着手机和其他人交流，长此以往，人是异化的，肯定会觉得不幸福。

about 我们和身边人的连接还是很必要的，即便是陌生人。严老师在《悬浮》里就描写了很多我们每天都会接触到的"陌生人"，比如保安、外卖员、快递员等。你是怎么和他们产生连接的，这种连接给你带来了哪些影响？

严飞 陌生人分两种，一种是大街上擦肩而过的路人，还有一种是在我们附近、一直和我们有交集的一些人。我书里写的是后者，我跟他们的关系其实就是按照日常生活的逻辑自然发生，比如我点外卖、寄快递、去买菜，以及进出校门时自然会遇到保安，他们高频次地出现在我身边，必然会跟我产生很多互动和交集。

起初我们不过是"点头之交"，但随着接触频率越来越高，我们的交流就会越来越多。十年前我在北京租住的小区里，有一家洗衣店，一开始我跟老板只是顾客和商家之间的往来，但是经过多年相处，我逐渐对他有了更深的了解，知道他的孩子在什么地方上学，孩子上学的时候遇到了什么样的问题，后来又是怎么得到解决的。甚至有一次他还给我发消息请我帮他写一封家书，我非常开心。我们就这样慢慢地建立起了更加深度的关系。

我觉得我跟身边这些人的关系，就是一种人和人之间比较纯粹的连接。这种连接不会给我的生活带来剧烈的变化，却让我觉得自己活在一个真实的世界，有一种安稳、踏实的感觉。

about 你们都提到过，做这些观察和访谈不仅是出于学科研究，也是出于"一个普通人的好奇心和同理心"。作为大学老师，你们觉得现在大学里的年轻人对陌生人还有好奇心吗？我们应该怎么培养或者保持这样的好奇心呢？

严飞 我觉得现在的大学生太疲倦了，因为竞争非常激烈，他们都在追求一个确定的、稳定的答案。十年前，我接触到的社会学系的学生会更具发散性、创造性，他们会做戏剧、拍纪录片、做艺术策展，这意味着要跨出自己原本的领域，也必然会和陌生人打交道。现在的学生更加务实，更以目标为导向，我不知道他们对陌生人是否还有好奇心。

关于保持好奇心，我觉得还是要稍微偏离一些既定的人生轨道，这样也许可以看到更加丰富的世界，带来一种切肤的、真实的感觉。

王小伟 我在课上做过一个小调查，问学生是否还愿意谈恋爱，结果发现班里一半的学生都不愿意。现在很多人连谈恋爱的兴趣都没有，对同龄人、同圈层的人的兴趣都没有，为什么还要去了解一名保安或者保洁员的生活？他们觉得建立关系浪费时间，如果进入一段感情还可能带来伤害，不如把时间投入那些自己可以充分把握的事情中，比如把学分再修高一点，把GPA（平均学分绩点）再卷高一点。因为这些事情都是可以量化的，而与一个人产生连接似乎无法反映在任何地方——你也没法在简历里写"昨天和保安彻夜长谈"，是吧？因此在一个量化的世界中，人们只能摆脱所有不确定的连接，把精力充分地功利化。

"日常的深处"有什么？

about 几年前项飙提出"附近"的概念之后，这个概念被广泛地讨论和使用，两位的书里也都有关于"附近"的阐释。据你们观察，在这个概念的

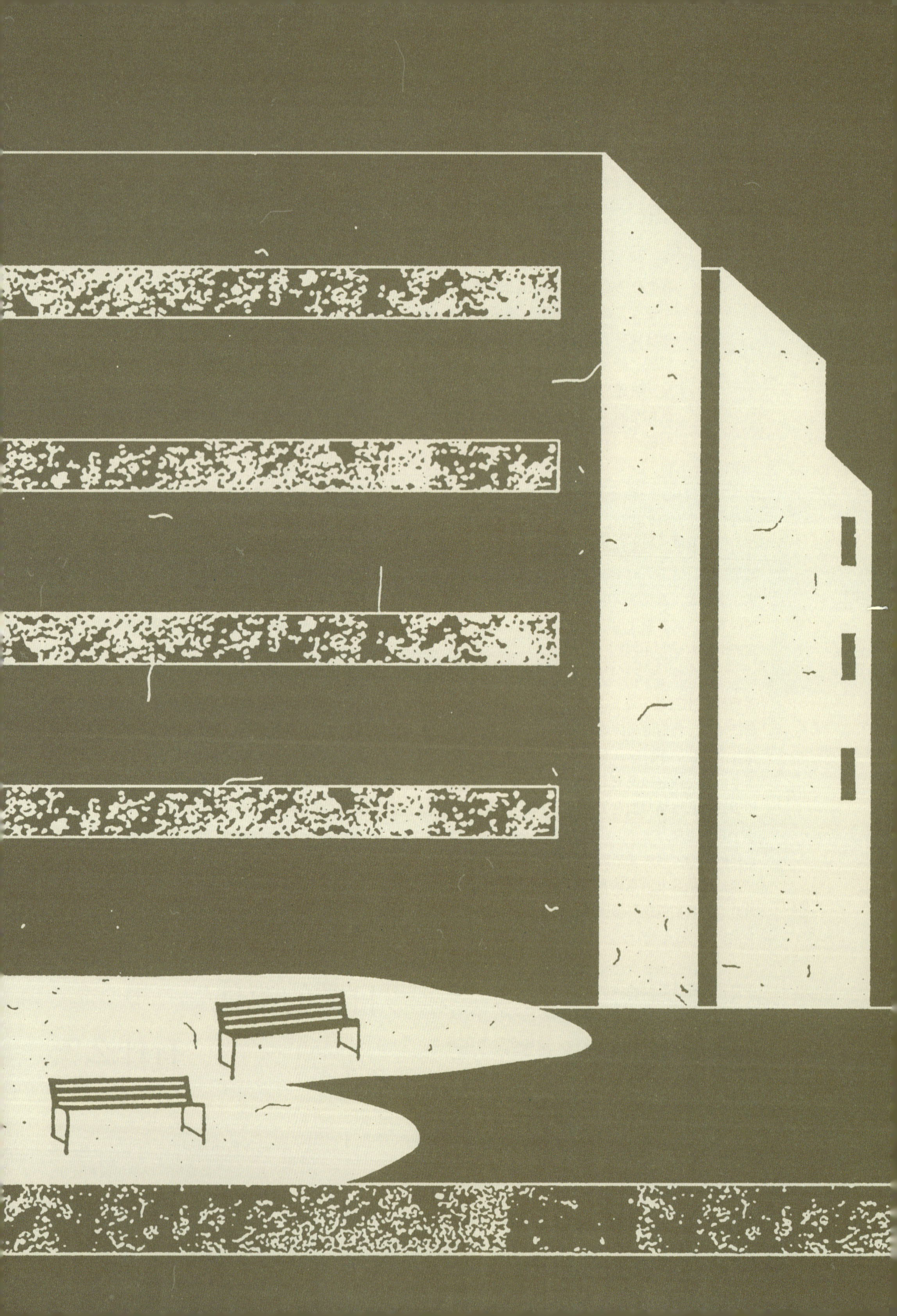

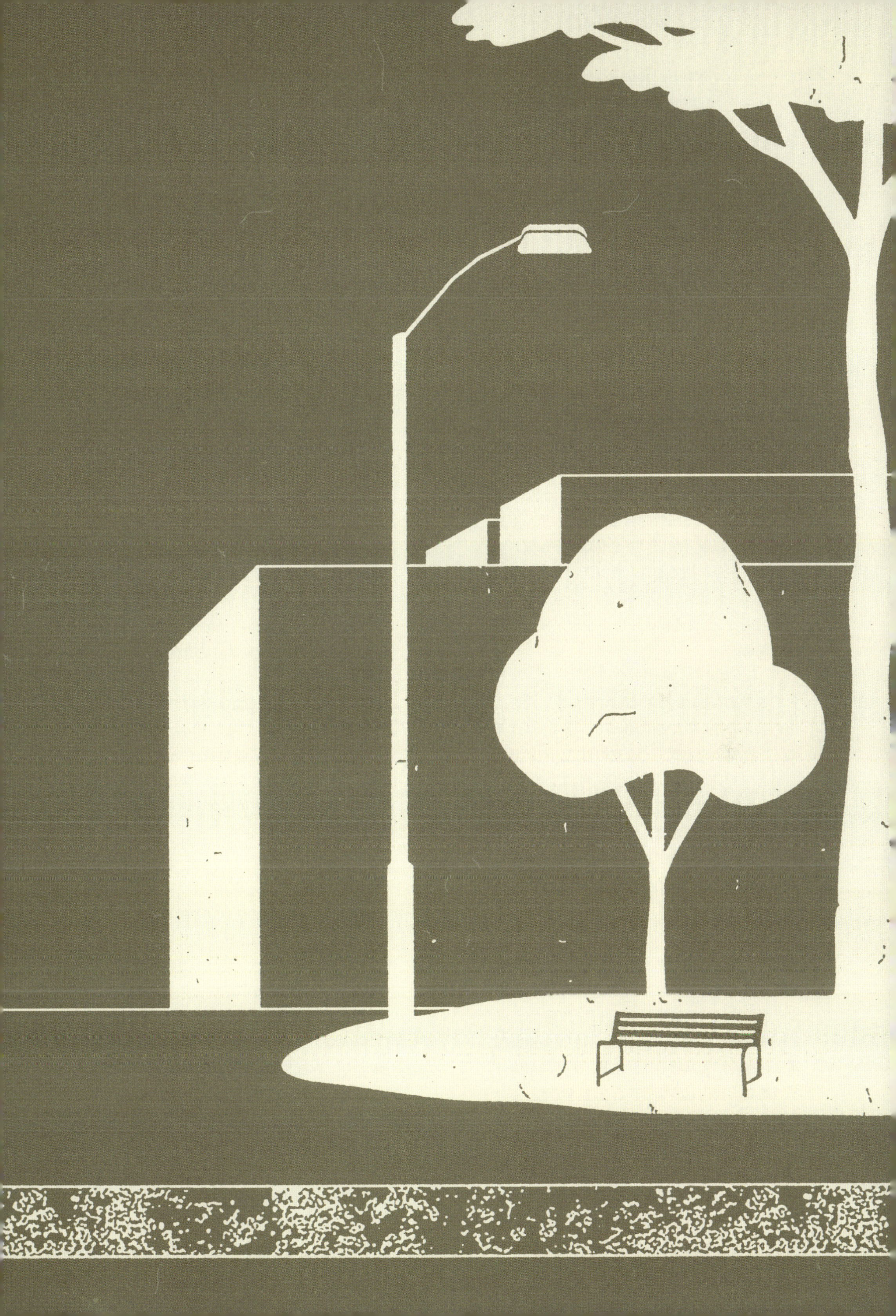

影响下，大众的行为是否发生了一定的改变？未来"附近"还有可能衍生出什么样的内涵？

严飞　这两三年里确实发生了一些真切的改变，比如一些科技公司就利用"附近"的概念整合了城市资源，结合科技的力量来解决人们的需求。现在有一些应用程序，可以帮人们寻找附近磨剪子、做针线、补鞋的工匠，也可以帮人们连接社区，以及附近的图书馆、菜市场等，我觉得这是一个巨大的进步。

不过我们现在聊的都是关于"附近"积极的方面，实际上忽略了真实的附近的破坏性。比如说很多人会有和保安吵架的不愉快经历，那也是"附近"真实的存在。但很多时候，一个人和保安吵架并不是因为保安这个人的问题，我们要看到一个经济社会系统性的问题所在。如果想得更深远一些，以前大学门口并没有这么多保安，访客也不用刷身份证才能进，但今天很多人都觉得应该这样。久而久之，它就成为一个重新被确立的"附近"。这也是我认为值得在未来被深度讨论的现象。

王小伟　我们需要哲学、社会学、人类学提供一些概念性的资源，因为人是叙事动物，我们通过叙事——讲故事的方式——来建构自己，帮助我们理解当下的处境，给自己找到一些意义的锚点，同时围绕这些概念做自我的阐发，找到一种内在的稳态。我为什么忙碌？我未来要做一个什么样的人？我怎么梳理和父母、伴侣的关系？在回答类似的问题时，这样的概念常常都是有用的，比如"悬浮""附近"。

前几年，因为新冠疫情，人们的生活被外力打破、中断，我们会发现从前习以为常的日常变得很珍贵。那么如何回到日常，重新评估它的价值，就是一件特别重要的事。我坚信日常生活是生命的基础性内容，尤其随着年龄增长，生活的可能性不断缩减，我们最终会发现自己能够支配且充分信赖的，就是那些简单而日常的生活。

about　这样看来，其实"附近"和"日常"的关联也很深。王老师之前也提到过"日常生活有巨大的治愈性"，为什么回到日常可以让我们获得治愈？

王小伟　因为日常生活没有通常成功学意义上的叙事逻辑，它非常平静、平淡，没有情节，可以对抗优绩主义的控制。同时，它也是关系性的。比方说你和小动物互动的时候是沉浸其中的，甚至从来没想过自己在做这件事，更不会陷入反思，它就是让你觉得充实。而当你走入宏大叙事，要总结生活，要充分调动自己的精力，策略性地和别人结合或对抗，你会很容易感到挫折，很难获得深层次的意义感。就我的生命体验来说，那些日常性的、无关紧要的东西，其实是最重要的生命支点。

实际上，日常生活是一个特别严肃的哲学问题。胡塞尔在《欧洲科学危机和超验现象学》里明确地指出，科学话语的盛行导致我们忽视了生活世界，而后者才是使得一切宏大命题成立的基本前提。你所看到的宏大的理性世界只不过是冰山的尖端，而生活世界是下面厚重的那部分。长期忽视那部分世界会导致严重的异化，我们所感受到的空心感、无意义感和内在的焦虑感、消耗感，很大程度上就是由忽视日常生活造成的。

我们太重视那个宏大叙事的可控世界，导致我们虐待自己的身体和感性，要反脆弱，要有"钝感力"，这就很糟。因为人就是脆弱的，就是容易崩溃的，甚至有时也是很荒诞的。如果把那部分都丢失了，我会觉得人变成机器了，不太容易感觉到幸福。

严飞　我特别喜欢日常生活。美国社会学家彼得·伯格也曾提出，社会学专注的一个焦点就是平民化的焦点。真实的日常生活世界，也是我们的社会最智慧、最不可替代的一个层面，然而它极易被忽视和遮蔽。今天我们特别喜欢关注"诗和远方"，但对生活世界的挖掘力却在不断丧失。所以，我们需要回到日常生活的深处，去发现生活的动力和活力，不断充实自己的心灵。只有以日常生活为基础点，去挖掘它的价值、创造它的合理形态，我们才能构建出更加丰富的经验世界，看清内心真实的自我。

about　当代社会看似给了我们很多选择，但是大多数时候人们还是在既定的选项里打转，比如说读研还是考公，小城市还是"北上广"。好像有几个必答题，答完以后人生就有了方向。同时，很多人也发现，即便在一条相对明确的人生路径上，还是会感到迷茫。你们觉得这种迷茫的源头是什么？

严飞　我的新书叫作《世界作为参考答案》，书名的潜台词是人生没有标准答案，世界可以成为我们的参考答案。现在我们像罐头一样活着——每个人都是安迪·沃霍尔的代表画作《金宝汤罐头》里货架上的罐头，人人都有保质期，我们被规训成了顺从的答题者。我们被告诫不要质疑社会的标准，不要表达过多的意见，不要偏离常规的生活方式，必须按部就班地活在既定的框架里，没有任何例外。但我觉得，我们还是要生活在多维的世界里，不再依赖系统规定的答案，而是去寻找一种开放的人生可能性，它充满创造力和活力，帮助我们重新定义人生的机会，看到更多之前没有尝试过的状态。

王小伟　我可能有点儿悲观，觉得人生从来都不是由自己把握的，而是像浮萍，总是跟着生活的节奏被冲撞到别处。但我觉得特别重要的一点是，是否拥有良好的亲密关系。亲密关系也是日常生活的一部分，同时可以通过适当的经营，自己去把握。当我感觉很糟糕的时候，我的伴侣、我的孩子给我的支撑力量特别大，他们什么都不用做，仅仅是在那里做自己的事，就会给我带来很强的生命支柱感。假如一个人有一段很好的亲密关系，那真是他的"核心竞争力"，他一定会有极强的韧性，而这是现在我们非常稀缺的特质。

about　最后请两位分享一下，日常生活中让你们感受到治愈的时刻吧。

严飞　过去两年时间，我一直在写一本关于流动儿童的书。20年前我还是大学生的时候，曾经担任志愿者给这些流动儿童上过课。写这本书的时候，我花了近一年时间找到了其中几位，对他们做了深度访谈，记录他们过去20年的生活。其中一位学生，现在在一个县城经营一家水果店。我在访谈的最后问她："对于人生的未来有什么期待？"她就说了四个字："前程似锦。"当时正好夕阳西下，霞光照在我们的脸上，我一下子感受到，过去20年的经历给她内心留下的伤痕，以及她对于当下、对于未来的一种希望。

王小伟　有一次我坐火车，一路上天气很阴沉，我的心情也蛮糟糕的，因为那段时间我觉得导师不是特别理解我写的东西，我们有点儿冲突。我坐在那儿怀疑人生的时候，突然天晴了，一缕阳光透过车窗照进来，正好照在我的脚边。车缓慢地开着，那缕光线忽明忽暗。我盯着它看，突然觉得它的明暗有一个非常奇怪的节奏，那并不是为我设计的，也不是任何人想来安慰我，无非偶然的一缕光在自然的节奏里跳动。那一瞬间我什么也没有想，但是感觉真的挺治愈的。或许是因为那个画面让我感受到，不管我的内心多么凌乱，这个世界还在温和地伸展着。

本文书目清单：
《毫无意义的工作》	[美]大卫·格雷伯
《恶心》	[法]让-保罗·萨特
《理想国》	[古希腊]柏拉图
《独自打保龄》	[美]罗伯特·D.帕特南
《回归故里》	[法]迪迪埃·埃里蓬
《论美国的民主》	[法]托克维尔
《空间的生产》	[法]亨利·列斐伏尔
《欧洲科学危机和超验现象学》	[德]埃德蒙德·胡塞尔

#1 ——严飞《附近的小世界》

当他们出现在我们附近的小世界里，在和我们产生交集的那个瞬间，我们应当把他们当成一个个完整的人去看待，感受到对方的质地，从而在意义层面形成人和人之间的联结，这是一种温暖的投射。

#2 ——严飞《月亮与六便士》

在这个社会里，
我们对一切东西都
会去问它有什么用，
能让我赚多少钱，
能让我得到什么。
诗歌、文学看起来
好像是没用的，
正是因为它没用，它才稀罕，
恰恰反衬出这个时代下的
种种荒谬，
或是这个时代每个人的局限。

#3 ——严飞 《地图上的距离》

当阿微在高档小区物业员工的宿舍里，一字一字写下自己的经历和感受时，对他来说，是日常生活的一种喘息，点燃了自己的孤寂和彷徨，也在文字里获得了一种无关金钱和社会地位的自由。

#4 ——严飞 《北京人》

与其说这是熟人社会
到陌生人社会的转变，
倒不如说是当个体于
异乡漂泊时，
故乡本身也在流动着。
每一次的返乡，
踏入的都是另一条河流。

#1~#4
取自严飞非虚构作品
《悬浮》

#5 ——王小伟 《吃饱与吃好》

生活需要细节，而不是罗列几条梗概。像是三十岁之前生子，四十岁之前买房，五十岁之前高升之类的愿望清单一般带来的是痛苦和失望。人所感觉到的幸福，通常是在无关紧要的细节中酝酿起来的。

#6 ——王小伟 《家的构思与营造》

家对每个人来说，常常是一种治疗。这种治疗不需要医生，不需要仪器，它的工作原理更像是充电站。

#7 —— 王小伟 《手机与现实生产》

我常感在短暂且残缺的现实之中有一些非常坚硬的东西，它不一定给我带来快乐，甚至会经常带来痛苦，但是你只要丢开它，就会感觉自己背叛了什么。

#8 —— 王小伟 《微信与分享的俗化》

分享的本义是切割、舍弃。它不是让你去羡慕我，而是将我的一部分东西分享给你，从而在分享中获得，形成稳固的人际关系和社群感，继而获得更多。换句话说，分享的本质是"在一起"。

#5～#8 取自王小伟哲学散文集《日常的深处》

张春 × 张怡微：
我们是自由的个体，却又如此亲密

> ◎ 活着就好，活着就会有事情发生。
>
> 我现在觉得，好和坏没有太大的区别，就先活着。

张春

作家，心理咨询师。著有散文集《一生里的某一刻》《在另一个宇宙的1003天》等。

人类由一个个独立、自由的个体组成，却拥有渴望连接的天性。而我们和他人的关系，始终是一个复杂的课题。当独居和独处成为常态、关系中的界限日益模糊，我们如何在不确定性中和他人建立深度连接？进入一段亲密关系，是否必然意味着放弃一些自我？在不同维度的关系中，人与人相处的边界在哪里？基于这样的困惑，我们和张春、张怡微开启了一场有关"自我与亲密关系"的对话。同为写作者的她们，都对人与人之间的关系有着敏锐洞察，也用自己的创作照亮了许多人的幽暗时刻。

亲密关系
没有正确答案

about　亲密关系一词常被理解为性缘关系，但在更为广阔的视角下，它还包含了亲缘、友缘，甚至那些难以用言语定义的微妙联结。这两年社交媒体上总有一些描述人与人关系状态的热词，比如"搭子""断亲"，还有 2023 年《牛津词典》年度词汇之一 situationship[1] 等，好像现代人发展出了各种各样的新型关系。你们怎么看待这个现象，这背后是否呈现出了亲密关系的新趋势？

1　**situationship**
用来指代一种没有明确承诺的非正式关系，《牛津词典》将其解释为介于伴侣与朋友之间的浪漫情感状态。

张怡微　你提到的这些复杂的关系形态其实以前也存在，只是我们没有用专门的词去命名它。我记得小时候听过一首 S.H.E 的歌，歌名就叫《恋人未满》，和 situationship 的定义差不多。还有经典电影《甜蜜蜜》，它的英文片名——Comrades: Almost a Love Story，也是在表达一种似是而非的浪漫关系。

现在的年轻人有了更多向外走的机会，面对的生活环境也越来越复杂，他们发现关系的好坏跟形式没有必然联系。因此，不仅是恋爱关系，从长期来看，所有约定俗成的关系形式都可能变成处境化关系[2]，即便是有血缘羁绊的亲情也有可能，人们可以选择从不好的亲情游戏当中退出。所以，我觉得这些概念的内涵并不新，只是我们又有了新词，可以让我们有"想象的共同体"——我们都能理解它，就不会感到很孤独。比如说我不喜欢确定的关系，或者我的关系形式并不符合主流规范，但因为大家都在社交媒体上谈论这样的关系，我就感觉还好。

2　**处境化关系**
通常是指在特定的社会、文化、历史和地理环境中形成的人际关系和互动模式。这个概念强调了外部环境因素对人际关系的影响和塑造，有助于我们全面地理解人际关系的复杂性和多样性。

> 允许一切发生。
> ◎ 我相信命运的逻辑跟我不一样，它有它的思路。

张怡微
作家，复旦大学中文系副教授。著有长篇小说《细民盛宴》，短篇小说集《哀眠》《四合如意》，散文集《旧日的静定》等。

张春 这让我想到一件事。我们都知道《甜蜜蜜》是一个怎样的故事，但今年暑假我跟11岁的侄女相处时，我惊讶地发现她竟然不知道周星驰是谁，那她肯定更不知道《甜蜜蜜》这部电影。所以，为什么需要新的词？可能是因为新一代的人有了话语权，他们倾向于用新的词语去谈论一代又一代的人都谈论的事情。像"断亲"不就类似于"不孝子"吗？这可是说了几千年了。但新词也是必要的，因为概念有变化，我们使用的语境也不同了。今天你跟一个20岁的女孩说"断亲"，她能理解，因为她的同学、她所接触的媒体都在说这个词，但你说"不孝子"，她可能就迷糊了。

张怡微 过年的时候，我刷到社交媒体上讨论"现在年轻人都不爱走亲戚了怎么办"，我把自己代入了一下，突然意识到我可能已经是年轻人口中的"亲戚"，而不是年轻人了。社会的变化让现在年轻人的知识库、经验储备跟上一代人有了很大差别，所以他们对情感关系的理解，可能跟传统约定俗成的亲情、友情、爱情很不一样。但换个角度想，每一代人都年轻过，我们年轻的时候也对既有的规范感到不满意。

about 这些处境化的关系是否存在一些共性或者独特背景？比如人们在面对亲密关系的时候，是否因为有某种不确定性，或者关系处在模糊地带，所以需要去创造一些新的表达？

张怡微 我觉得处境化的关系也是要分类讨论的。比方说我们刚才说的《甜蜜蜜》，它的故事是讲20世纪八九十年代，内地一对年轻人为了更好的生活来到香港打工，他们原本都有更为固定的伴侣，但生活环境突变促生了这种"临时"的亲密情感。直译的英文片名更能体现这层内涵——"几乎算是一个爱情故事"。其实在当时的新移民或者劳工阶层中，不少人都是这种"临时夫妻"式的关系，他们都知道这段关系是不可能有结果的。

而现在社交媒体上讨论的situationship，还是有机会转入一段传统意义上的稳定关系的。它更像是一种没有激情的恋爱，或者一些人对关系的未来只想负有限责任，并不想进入婚姻这个确定的结局，因为他们无法从婚姻中获得实质性好处。

张春 对，一些人不想进入婚姻，可能是觉得婚姻里没有什么"可图的"。古代人们为什么强调"门当户对"和联姻？因为婚姻关系本来就是一个利益共同体。婚姻里要有爱、有更多的亲密和依靠，这已经是很现代的事情了。今天一些人又觉得，既然我们已经有了爱和亲密，且没有共同利益，或者不想把利益绑定在一起，那有这个层次的关系就够了。这让关系还原到了一个更古老的方式。

about 也就是说，现在人们更看重关系背后那层"真实的情感"，形式不重要，内核才重要。但近几年又出现了一个比较流行的说法叫"爱无能"，怎么理解这个说法，我们真的失去了爱的能力吗？

张怡微 我父母都是工人，他们年轻的时候其实没有那么强调爱情，只是在普通人的认知里，结婚前好像要谈个恋爱。工人在生产线上的工作其实很危险，很多工人夫妻在生活中都是相互协作的组合，当时的社会处境决定了以这样的方式生活最省力。那时候人们对于情感关系的认知，在感性跟理性上并没有很大的冲突。

20世纪80年代之后，大量商品和广告涌现，情感领域也开始被标价，人们开始说"爱我就要买钻石给我"，这在很大程度上影响了我们的感情观念。所谓的"爱无能"，也是在这个语境下的表现。在商品化刚刚兴起的时候，我们都很穷，听到《漂洋过海来看你》的歌词"为你我用了半年的积蓄"会很感动。现在的年轻人成长在商品经济非常发达的时代，他们会觉得"穷鬼不配谈恋爱"。现在的流行文化和价值观给年轻人非常大的压力，让他们认为，无法付出有价值的情感是因为自己没有能力。这种无能感是非常真实的，它源于年轻人对于未来、对于自己没有信心。

所以我猜想，我们缺少一些剥离了商品化的情感榜样，我们的情感教育本身也有很大的问题。如果我们用一些方式告诉大家，感情可以不用金钱来衡量，哪怕只是一些小故事，听过的人可能也不会觉得自己这么贫瘠跟匮乏。不管怎么说，情感需求都算是人的合理需求。

张春　这让我想到，今天的社会既然已经有了这么多能够被量化的价值，所以对于"爱"这样一个模糊的概念，我们采用商品化的衡量标准，也许是让它能够被谈论的一种方式。我们说了半天"爱无能"，那"爱有能"又是怎样的？如果我有一个抓手，能拿出足够的代价来支付这个"爱"，从而能够谈论它，那是不是比不能谈论它、计较它，心里要好受一点？所以消费化、商品化也算是一种增加确定性的手段，虽然说出来的内容令人沮丧，但是谈论它的方式反而可能是治愈的。我看到一些情感导师说，判断一个人是否爱你，要看这个人最珍贵的是什么——如果是时间，他给你时间就是爱，如果是钱，那给你钱就是爱。

但是无论如何，我心里希望每个人最好先别管别人爱不爱自己，而是去想这个爱对自己来说意味着什么，自己是不是一个能够爱别人的人。我希望这是更重要的衡量方式。如果一个人只看周围人怎么对待自己，这种审视是无休止的，好像也没有益处，因为你在这种打量里只能是一个客体，是被审视、评判的对象。

about　那如何才能做到"反客为主"，在关系中确立自己的主体性呢？爱的判断标准又是什么样的？

张春　我自己是这么处理的。比如对于今天我们的谈话，我做了100%的准备，我要仔细地聆听每一个字，仔细地去理解你们在说什么，然后给出我的回应。我觉得此时此刻我就是在爱，这也是我唯一能够衡量的东西。此刻我觉得我们也很亲密，因为我们决定要共度一段时间。

我以前在厦门开冰激凌店的时候，有一次店里来了四个女孩，她们是好朋友，从不同的地方来到我的店里，点了一些冰激凌一起坐着吃，然后四个人开始各自玩手机。当时我看到这个情景心里很别扭，心想她们有真实的感情吗？明明可以在家玩手机，为什么要专门赶过来在这里玩？但是过了几年回想起这件事，我又觉得她们一定要坐在一起玩手机，又何尝不是一种感情呢？是不是在今天，在有智能手机的时代，我们的爱就是这样的？也许，随着媒介的变化，我们爱的方式也会变，只有一件事情是不变的，就是我们共度了一段时间。

about　共度一段时间，听起来是一种重新定义友谊的方式。现在大家对友缘关系的关注度似乎越来越高了，包括这两年的文艺作品中，关于女性友谊的书写也越来越多，不知道你们有没有这种体会。

张春　我觉得有这个倾向。在我的工作经历中，更早的时候，来访者会更多地谈论跟伴侣或者跟领导、同事的关系，现在谈到友情的确实更多了。但是我有一个感觉，友谊关系并不比其他情感关系更容易，只是它现在变得优先了——我跟家人疏远了，也放弃了伴侣关系，所以觉得朋友很重要。一重要，你就会发现它也很难。

张怡微　很有道理，因为人是复杂的，一旦要亲近他人，就会发现人和人的不同，发现需求跟需求有冲突。大部分人没有那么强大，没有办法在把自己安顿好之余，还有更多的能量或关爱拿出来分给他人，不管是伴侣、孩子还是朋友。所以我也不觉得，过度地强调友谊会有什么实质性作用。

张春　现在女性友谊之所以被强调，是因为以前女性没有被当作关系的主体去谈论，或者她们作为主体的关系是什么样的，这件事没有被谈论过。今天我们谈论女性友谊，是因为女性变重要了。关于男性的友谊，已经有千万个故事书写过了，比如电影《暗战》里面，两个男主角既是宿敌又是互相怜惜的英雄，还有《猫鼠游戏》等。但以女性为主体，去讲述她们的生活、内心，这件事情的确是新的。所以我看日剧《重启人生》时会特别感动，里面几个女孩子之间的关系，让我觉得女人的友谊就是这样的。虽然我没有像女主角那样为朋友生生死死好几世，但在看剧的时候，只要有一点元素对上了，我就会代入，觉得很有共鸣。

about　基于友谊建立起来的关系似乎更灵活、自由，或者更符合现在人们对关系的需求，它会是亲密关系的一个终极形态吗？

张怡微　我想并没有一个公式可以套在所有人身上，说关系最后的发展形态一定是什么。我更倾向于认为，我们只能允许一切发生。因为人就是会变的，人的处境也会变。我们能做的，就是识别出有质量的情感关系，不要在一些糟糕的关系里沉浸太深，还赋予它们过于美好的词汇。

我想友情关系并不简单地指两个个体待在一个时空里，而是有互相帮助和体谅、共同成长的部分；也不是某种功利的关系，虽然可能会有功利的那一面。我更相信人的复杂性，相信关系有各种可能性。而恰恰在这一点上，人文学科是有力量的。现在整个大环境都很功利，各种培训、咨询都是以目标为导向，教育专家只教你如何"上岸"，至于之后的事情走向他们是不管的；情感专家只教你怎么跟"高价值"的人结婚，结婚之后他们也是不管的。后续的那些东西，就是我们今天讨论的话题会发挥的作用吧。

我相信存在一种比较好的人与人相处的形式，是大家会捍卫某种共同价值。这个价值是我们对生命的看法、对死亡的看法，是我们对一件事的共识——在这个宇宙中暂居人间，怎么在很有限的条件里让生活变得更好一点。

张春　我也很赞成。人是这么复杂的生物，人和人之间会有千万种关系，有些关系甚至不是一个现有的词能够概括的。所以，关系是否存在一个正确答案？也许就是一人一个答案，错误答案之外的一切都是正确答案。我们所做的努力是好的，这就够了，也不必追求达成一个完美的状态，而是在这样的状态里生活下去，建造下去。也许真正的答案是过程和时间。

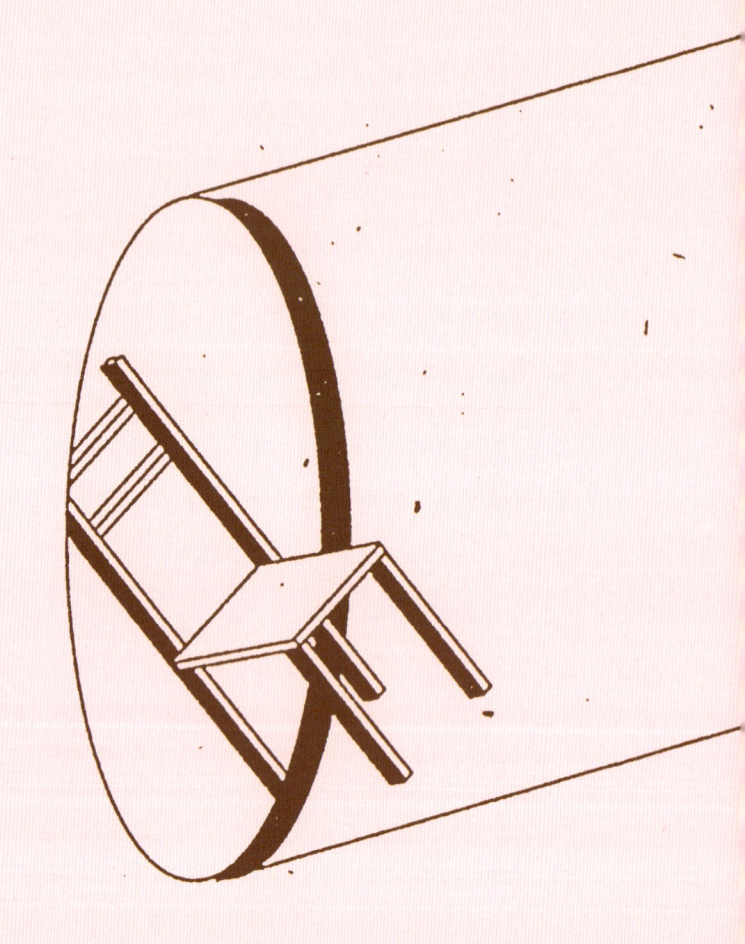

55

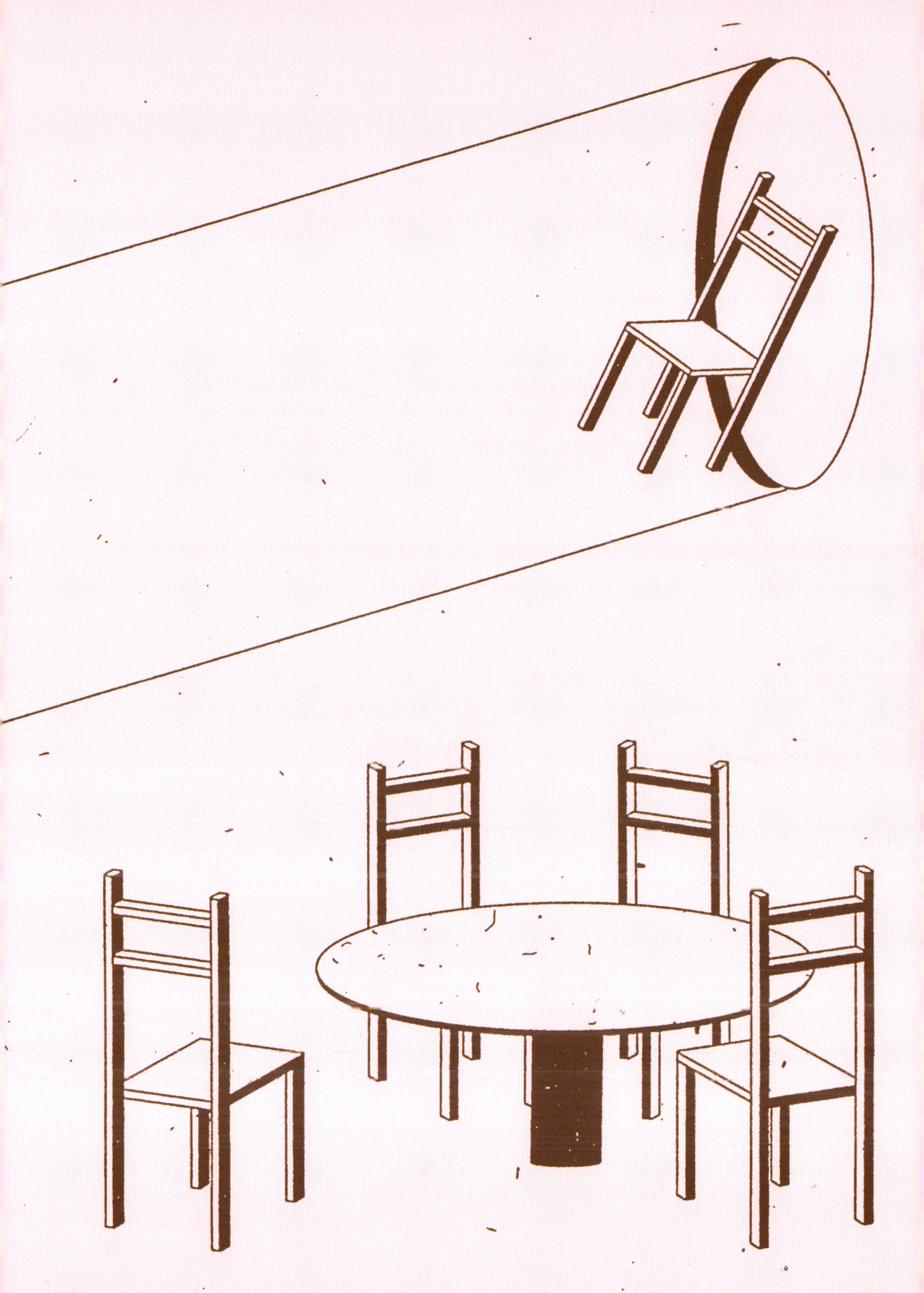

我们需要亲密，
也需要距离

about 既然亲密关系没有正确答案，人性又极其复杂，那我们在进入一段关系前，戒备感可能更强。我记得张春老师在某期播客节目里提到"不想要敷衍的关系，想要100%的关系"。这种完全敞开的姿态听起来非常冒险，因为敞开之后获得的不一定是正向反馈。

张春 讲这句话的原因包含了我过去的一些挫折。我曾经想象过，在一段关系里，自己和对方都能100%投入，但后来发现根本没办法控制对方的态度，我只能决定自己怎么做。意识到这一点之后，我就不再感到失望了。

过去，若我投入，而你不接住，我会感到失望，但我现在觉得，这样的失望也很深刻。你带给我那种深刻的失望，不也是你和我的关系吗？那种失望和达到强烈共鸣的欢乐、幸福感，本质上会不会并没有太大区别？在这段关系里我感到很失望或很幸福，都是我度过生命时光的方式。

关系不在于它的方向，而在于它的浓度。这话不是我说的，是知名心理学家曾奇峰说的，给了我一些启发。

张怡微 我觉得在关系中，人能控制的部分其实很少，随着年纪增长，面对的处境也越来越复杂。我现在就拿不出100%的精力去建立某种关系，我有别的问题要面对，不管是父母的健康问题、工作压力还是其他。普通人其实很难做到随时拿出100%的精力，投入关系的建设和经营中。

年轻的时候，建立亲密关系是一个自我探索的过程。而像我一样的普通女孩所面临的环境和期待，跟我们真正想要努力的方向有时是有偏差的。小时候，家里对我前途的期望很有限，跟别人一样念差不多的书，到差不多的时间就可以结婚生子了。在这样的环境中，我能够玩到的最好玩的游戏就是爱情（没有人指望我去玩权力的游戏）。很多女性都是这样，所以我们会把亲密关系当作这一生比较重要，可能是最重要的事业来做，在这种关系中全情投入。但我到30岁左右的时候复盘了一下，发现建立亲密关系这件事并不是我擅长的，我干别的事情好像回报更快一点，我就去干别的了。如果我早点儿意识到自己的这方面特质，可能比现在过得更好一点。

about 所以在建立亲密关系的过程中，最后获得的结果可能不仅是沉淀了一段关系，还有可能找到了自己。亲密关系中的边界感也一直是个棘手的问题。你们会怎么去确认关系当中的边界，又怎么在保持边界感的同时和他人连接？

张春 我相信一个简单的原则，就是每个人都尊重自己的边界，并且对其负责。我就做我想要做的事情，直到你说触及了你的边界。我以这样的方式去经营我的关系，不知道对别人有没有用。

还有一个关于边界的技巧。例如我有一些很外向的朋友，他们觉得放松就是大家一起晒晒太阳、喝喝茶之类的。我很爱他们，但是又不那么喜欢这种聚会，我就会和他们说：聚会一定要叫我，但是我应该不会去。这就是我的边界，我也非常感谢他们，愿意忍受我的这种要求。

张怡微 边界对我来说非常重要。我需要很多时间独处，所以有时会阻止朋友们过度的关心，他们也很包容我，会对我说："归根结底你是一个好人。"现实生活中我其实不太会处理关系，但我有另一个办法，就是在小说里不断实践关系的发展。在创作中，我可以通过各种各样的故事，来构建各种各样的关系。小时候修复父母的关系，长大了就建立新的关系。我最近经常写友谊，写好几个人的友谊故事，一件很小的事情怎么样影响到他们。这些故事，多多少少是我对现实生活的延迟回应。

about 在亲密关系中，除了主动选择保持的边界，还有一些被动的孤独时刻。小说《四合如意》里，张怡微老师描述的一个情节很写实：一对异国情侣，每天隔着时差用手机聊天，只聊不重要的事，各说各的，"一天很快就过去了"。你们如何理解亲密关系里类似这样的孤独时刻？

张怡微

我不太相信有恒常不变的孤独，我想很多时候我们之所以觉得很难受，恰恰是因为曾经有过一些好的时刻。我想到韩国作家崔恩荣的小说《你好，再见》，故事里提到主人公举家从韩国搬到德国后，母亲在乏味生活中唯一的快乐，就是和一位越南邻居阮阿姨聚会。直到有一天，听说阮阿姨的家人死于越南战争时韩籍军人之手，母亲脸上唯一的快乐没有了。她的另一部短篇小说《祥子的微笑》写的也是险峻又唯一条件的女性"关系"。

不管是友谊还是爱情，有时候对的人都是很危险的人，而且不是躲在家里就躲得掉的，命运会让那个人找到你。《卧虎藏龙》里李慕白看到玉蛟龙，也是这种"完了"的感觉。如果一辈子都没等到那个人，虽然平淡但很安全，但如果那个人出现了，你就活了那几个瞬间。我们还是要发现一些这样的，让人感到活着的时刻。

张春

在我的工作中，我曾经目睹了很多悲伤，那种长久地在黑暗里徘徊、寻找希望的悲伤。面对它们的时候，你真的只能看着。这个世界能给一个人最大的友善就是看见他，在亲密关系中也是一样。我们讨论关系里的孤独，前提是你怀抱希望，你的预设是不该孤独，才会觉得怎么现在孤独了一下。但我现在觉得，我们本来就只有一个人，这才是常态。其余的一切，情感、关系都是额外的，不但不能通过努力去要到，甚至不能躲掉，这就是生活的逻辑。

about

张春老师在散文集《一生中的某一刻》里写过你和哥哥的关系，有一句话是："我们远隔千里，各自独立，但是命运交织着，从来没有疏远过。"张怡微老师也写过很多异地、远距离的关系，传递的好像是一种相反的感受——我们虽然可以利用现代科技手段，比如手机来互相联系，但是情感上更加疏远了。物理空间的远近，到底会给我们的关系带来什么样的影响？

张怡微

手机在远距离关系中扮演的角色很复杂，两个人刚分开一两年的时候，手机只是一种维持关系体征的交流工具，可是很多年之后，也许手机就变成关系本身了，它们紧紧地绑在一起。比如有一些外出打工的父母，跟自己的小孩是长时间分开的，虽然也会通过手机跟孩子联络，但实际上对孩子的真实情况并不了解，所有感性的认识都停留在离别的那一刻。再比如我写过一个故事叫《缕缕金》，里面的女儿一直通过视频跟父亲交流，直到有一天父亲生病到医院检查，女儿才知道他有阿尔茨海默病的前兆。所以我觉得对于远和近的判断，还是要回到比较朴素的感受。跟你的生活联系紧密的就是近，如果只有信息符号的交流，总感觉不那么近。

张春

我完全赞同。比如我跟我妈妈不住在一起，大部分时间都不见面，但前段时间她来我这里住了一个星期，这个星期的信息量超过了我们在网上交流一两年的信息量。心理学家认为在人和人的交流中，语言信息只占6%~7%，剩下的都是非语言信息，也就是姿态、语调、表情、手势等。我们通过网络交流基本上只有语言信息，这样的沟通会损耗很多内容，而在近距离的面对面交流中，信息量是完全不同的，所以我们有亲近的需要。

同时，我们也有离开对方的需要，因为我们有节能的需要。我跟朋友们见面的时候真的超兴奋，大家不停地在胡说八道，在哈哈大笑，但是见面结束后我觉得我血条都空了。所以也不能简单地说距离是好还是不好，也不能简单地讨论如何缩减距离。有时候，保持距离也是一种真实的需要。

about

现在独居和独处也成为越来越普遍的课题。独处对你们来说意味着什么？

张怡微

现在我当然是喜欢独处的，但是我也会考虑，等有一天我老了也许会失能，独处就会变得很辛苦。精力好的时候，独处是节能、减少损耗，但以后本身就是"损耗"的时候，就不是这样的语境了。就像我去看我爸爸的时候，会看到他坐在电视机前把音量调得巨大，家里堆着各种从直播间买来的东西，我会有很复杂的感受。独处不只有美的那一面，也有很荒凉的一面，就像人生的考卷已经答到一个程度，再也做不出一道新题了。

张春　我还好，没有觉得这么荒凉。我有一年过年是一个人过的，当时我在电脑上同时开了六个播放器看春晚，还开了直播，然后我在电脑前吃火锅，那一刻我觉得还挺好玩儿的。所以我此时此刻觉得这不是问题，想独处的时候就独处一下。

张怡微　现在我可能比较像猫，能量很低的时候就会找个地方自己待着，不希望大家陪伴我。另外可能因为写作时比较敏感，我总能看到太多别人身上的细节，一些令人不安的细节，进而担心他们，尽管这些担心大概率是多余的。还有，如果曾经很亲密的朋友突然和我说，非常渴望我们再像以前一样经常见面，我会觉得有压力。以前的我是不会有这种压力的，现在也不知道它来自哪里，可能是对自己没有信心。我觉得我拿不出很好的状态来面对工作之外的关系，这个是困扰我的地方。

张春　所以亲密是我们需要的，距离也是我们需要的。

about　还有一个终极问题，人是不是一定要有亲密关系？

张春　我觉得一定要有，而且只有一个办法能得到，就是创造。建立亲密关系之前，首先要核对彼此的回答，才能判断关系成立还是不成立。但我只能控制我自己这部分，我跟自己核对完了，决定我要全然投入，对方是否响应就是另外一回事情了。绝大多数时候都会落空，我以前会觉得失落，但是现在不会了，我觉得我就要这么活。

张怡微　我并不觉得要切断所有关系，或者要过度强调孤独的美好。我觉得人来世间一趟，能有一些好的体验、有一些朋友是件好事，至少死前回想起来，能觉得有几个挺喜欢的瞬间。我喜欢文学创作也是这个道理，不是因为我喜欢绝对的黑暗，而是因为我喜欢那些亮的地方，尽管很幽微，但我讲出来你们都能懂，我们就有了建立友谊的基础。归根结底，人还是需要好的关系，需要好的关系的样本，需要我们在线上、线下互相鼓励吧。

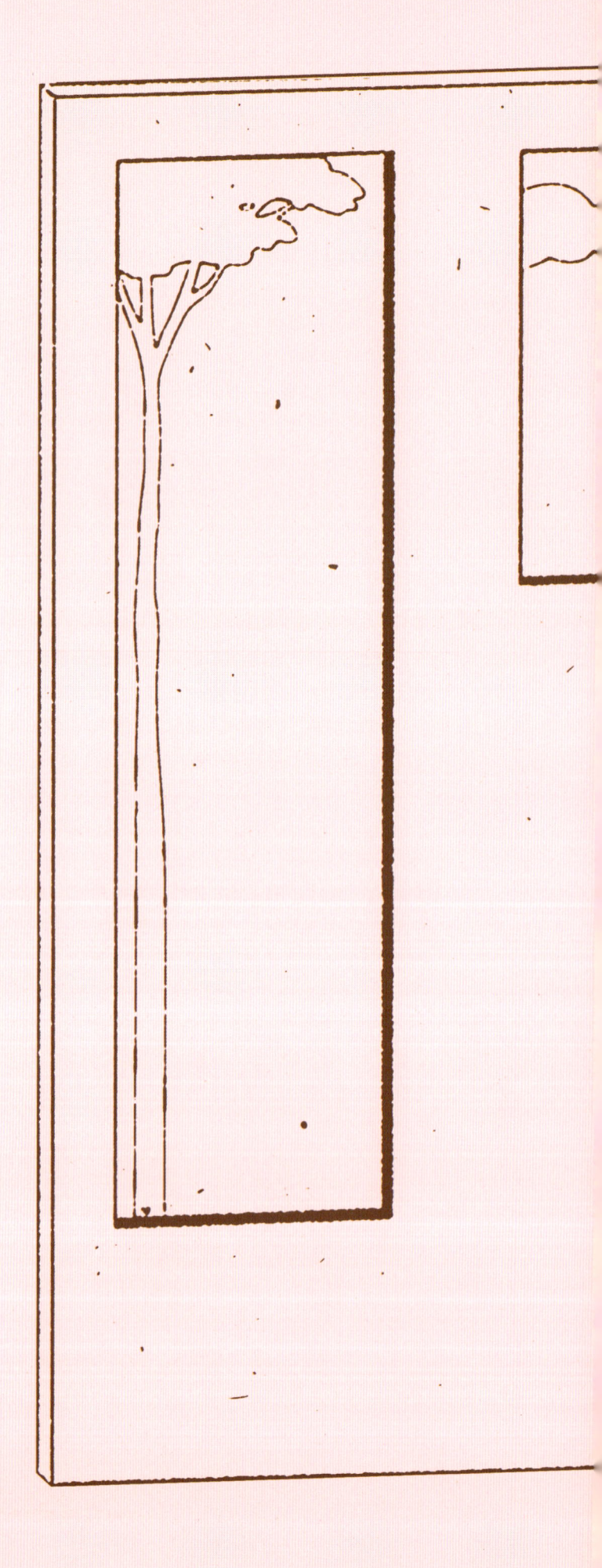

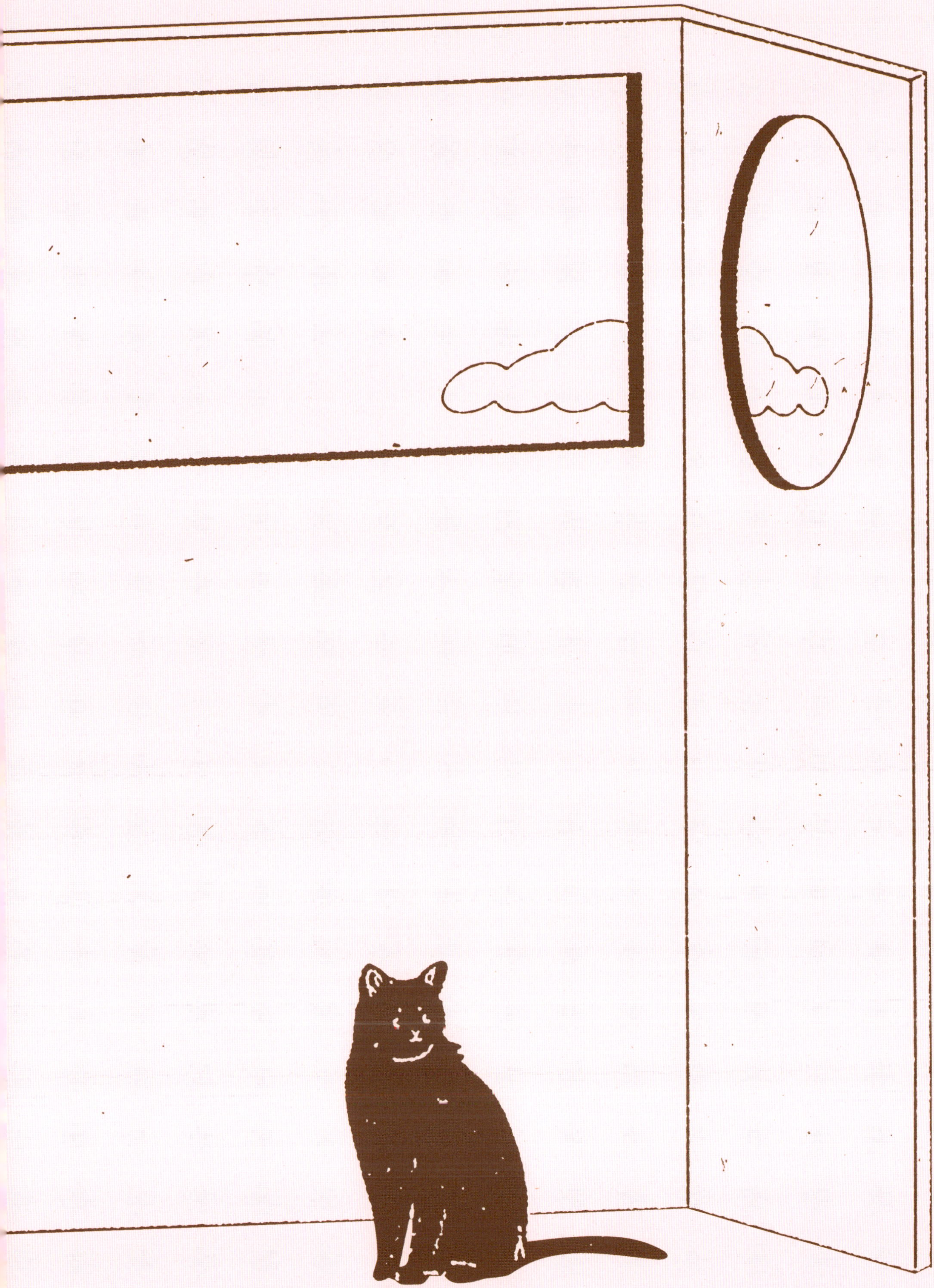

#1 这个世界，
似乎正是因为构成得并不完美，
才这样值得一活。
而所有的救赎，
就是无条件地爱自己、爱别人。

——张春《哥哥和我》

#2 她一直喜欢看我写的文章。要出一本书了，我想对她说的话，想了很久终于想好。千言万语变成两个字：幸会。

——张春《妈妈》

#3 ——张春《我也很想你》

她说：
"失恋有什么大不了的，
我们一直找爱、
一直找爱，
你看有多美！"
然后我们就忘了这茬，
聊起了别的事情，
高高兴兴地看着天空一点点亮起来。

#4 ——张春《野小蛮》

我们之间有一种奇怪的默契，
就是我遇见了什么，
我的心情怎样，
她一定也是同样的。
眼神都不用交流，
就好像我们在用同一条气管呼吸、
同一个心脏造血。

#1～#4
取自张春散文集
《一生里的某一刻》

张春×张怡微

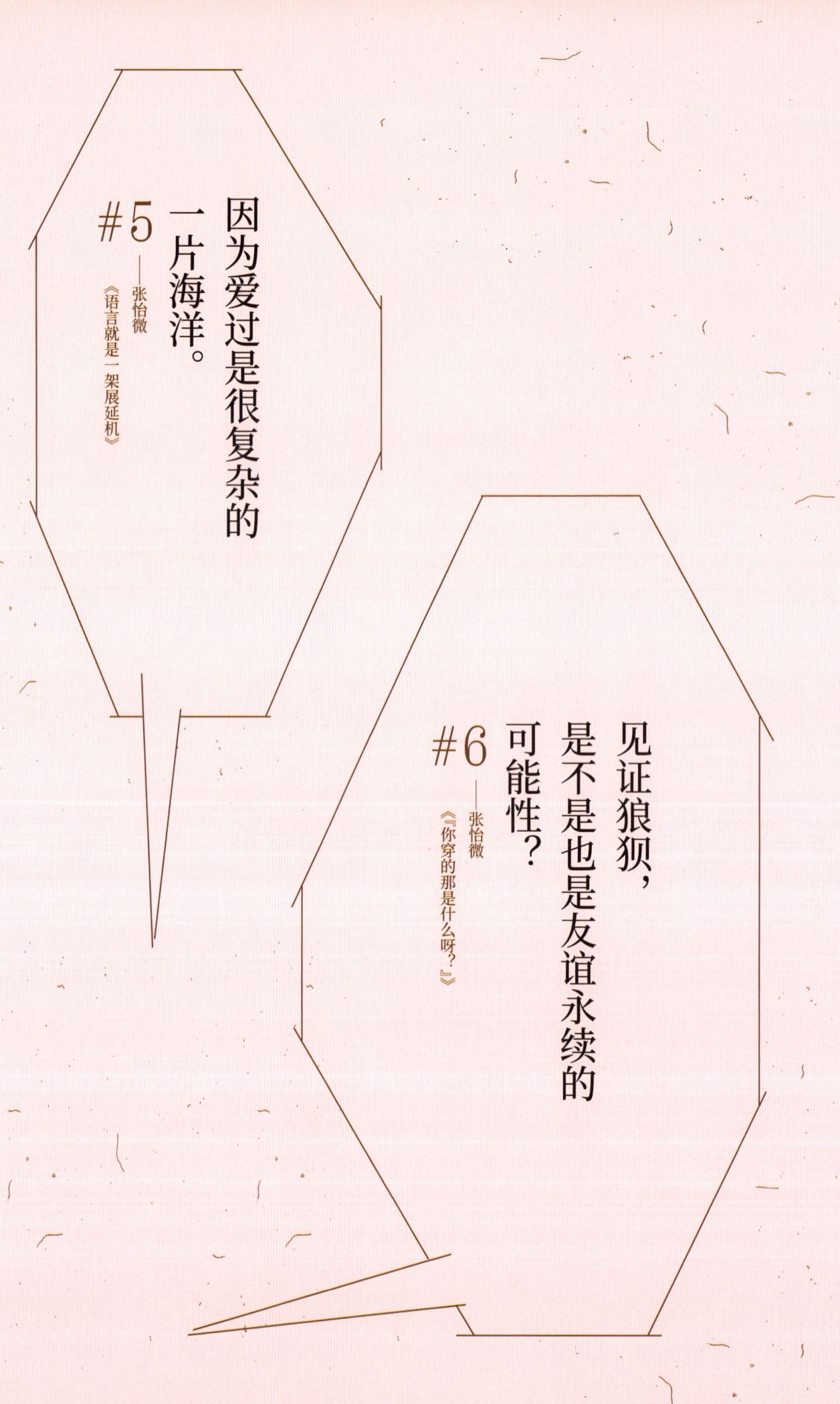

我们是自由的个体，却又如此亲密

#5
——张怡微
《语言就是一架展延机》

因为爱过是很复杂的一片海洋。

#6
——张怡微
《你穿的那是什么呀？》

见证狼狈，是不是也是友谊永续的可能性？

张春 × 张怡微

我们是自由的个体，却又如此亲密

#7 真正漂洋过海的人，心里没有渡口，进退茫茫，银河之上没有人在等你，也没有人含着热泪打听着、纪念你的鹊桥。

——张怡微《不一样的鹊桥》

#8 那种偷来的幽闭愉悦，就是他心中亲密关系的最佳隐喻：不是没有关系，也不是有确定的关系。他还有一点点自我，是偷来的。

——张怡微《煞尾》

#5～#7
取自张怡微散文集
《旧日的静定》

#8
取自张怡微短篇小说集
《四合如意》

徐英瑾╳董晨宇：
我们与技术的距离

◎ 技术变化的速度太快反而会减少我们思想反刍的时间，人的比例感[2]会降低到比较糟糕的地步，这是真正要警惕的问题。

比例感的训练，来自对于多样性材料的处理经验与对于信息处理结果的反思，但此类多样性与反思自身的展开却需要冗余的时间资源。大数据技术恰恰在消灭这种冗余，并将所有人变成时间资源维度内的贫困者。

徐英瑾
复旦大学哲学学院教授，代表著作《用得上的哲学》《人工智能哲学十五讲》等。

2023年3月，ChatGPT-4[1]的横空出世掀起了AI（人工智能）浪潮，一时间似乎每个行业都在期待变革，国内AI大模型群雄并起，"AI＋"也成为热词，霸占着各大媒体头条。带着巨变前夜的兴奋和不安，面目尚未清晰的技术创新就这样悄然融入了人们的茶余饭后。

1　**ChatGPT-4**
OpenAI公司于2023年3月发布的人工智能自然语言处理模型。

2　**比例感**
可以理解为人们在信息处理和价值判断过程中，评估信息重要性、感知事件轻重缓急，并通过有限信息推演更广泛知识的能力。

AI的发展迅猛而广泛，它不仅在文本生成视频领域取得了惊人的进展，而且在语音交互方面达到了接近真人交流的水平，其迭代速度让许多圈外人感到应接不暇，甚至产生了焦虑，不知从何下手。那么，这场AI变革将如何影响我们的日常生活？我们如何在技术迅速发展的浪潮中保持关注又不陷入焦虑？抛开那些成功学的夸大宣传和阴谋论的恐慌，在这个技术日新月异的时代，我们应该如何"修炼内功"，以不变应万变？

复旦大学教授徐英瑾是国内最早系统研究人工智能哲学的学者之一，是热潮中难得独立而冷静的思考者。中国人民大学副教授董晨宇则是活跃在社交媒体的信息产业研究者与观察者，拥有丰富的一线调研经验。我们邀请二位老师一起对话，从非技术的角度，聊聊AI浪潮和普通人生活的关系。

采访＆撰文／曹柠　　编辑／徐晨阳、杨慧

给如火如荼的AI浪潮"泼点冷水"

> 任何一项技术的社会影响要在已经司空见惯，以至于不再被讨论的时候才能客观评价。

◎ 技术的社会想象总会在不同行动者的利益纠葛中失真，这可能让我们陷入对技术过分乌托邦和反乌托邦的判断。技术的社会影响永远是具体的、文化的，而不是抽象的、普世的，技术一定会在与社会的互动中被不断塑形。

董晨宇
中国人民大学新闻学院副教授，社交媒体研究者，播客《我有一个朋友》主播，合著作品《英国新闻传播史》。

about　关于AI的讨论已经变成了一门显学，时而是乐观的技术进步论，时而是悲观的劳动替代说，两位老师是如何观察近两三年的AI热潮的？

徐英瑾　这一波AI技术的发展主要是从ChatGPT[1]开始的，ChatGPT的最大特点就是处理自然语言的能力特别强，对比之下，AI研究中一些老的领域（比如传统意义上依靠语言学知识的自然语言处理技术）好像都变成了屠龙之术。现在的ChatGPT主要依靠算法结构和统计学，那么数据和算力就是关键点，大家都开始在这方面"卷"。这种发展带来了一个让我比较惊讶的结果，就是AI领域的竞赛越来越"科举化"——只需要考这么几科，其他都不太重要，大家拼的就是收集了多少数据，或者芯片硬件有多好。这和我对于AI研究最早的印象完全不同，早期研究思路是大家的硬件基础都差不多，拼的是谁的算法设计更智慧、更创新，以及谁能够给出更高的效率。

[1] **ChatGPT** OpenAI公司于2022年11月首次发布的人工智能聊天机器人程序。

从当前阶段结果上看，ChatGPT确实获得了比较大的成功，但这种成功是工程学意义上的成功，并不是科学意义上的成功。我的预测是，在未来的10年或者更短时间内，现在这种仅拼算法数据和算力的道路将会走到尽头，大家可能会发现AI的发展绕了一个大弯，原因在于它是一种消耗性的模式，消耗算力、消耗芯片，尤其是消耗各种数据。

董晨宇　我的专业并非AI领域，但结合徐老师的观点和我在业界的实践经验，对于AI的前景，我的态度也不是特别乐观，许多关于AI的美好设想实际上并未实现。我的研究领域集中在网红产业，也曾实地考察过很多MCN（网络信息内容多渠道分发服务）公司。在Sora[2]技术推出后，人们对于AI在微短剧行业的

[2] **Sora** OpenAI公司于2024年2月发布的AI文生视频大模型。

65

应用抱有诸多期待，比如它是否能够帮助编剧撰写剧本。然而，业界的实际反馈却是AI在这方面几乎无能为力，尽管微短剧的剧本并不复杂，不需要太多深刻的审美和创意。许多编剧原本希望AI能先写出初稿，自己再进行修改和润色，结果却发现自己直接写更高效。我也问了一些MCN公司的老板，他们是否抓住了这波AI浪潮的机遇。这些从业者的回答是，如果AI是一列火车，他们就像开着私家车跟在火车后面，并不打算上车。因为一旦上车就需要投入资金，而这种投资最终可能会血本无归。但他们也不敢不跟随，担心错过真正上车的机会。因此，目前的情况是，尽管我们对AI的未来充满无限遐想，但处于行业前沿的从业者们实际上仍在谨慎地探索和介入。

about　ChatGPT作为生成式AI[1]的典范，在这波AI浪潮中扮演了重要角色，能否用通俗的语言简要阐述生成式AI的基本运行机制，以及它与"人类智能"运作方式的根本区别是什么？

1　生成式AI
它是AI的一个特定领域，专注于生成新的数据样本，这些样本与训练数据相似，但并非简单的复制。生成式AI的核心在于创造性地模拟和学习数据的分布，进而能够生成新的实例。

徐英瑾　生成式AI的一个重要的运行环节叫作预训练。它与传统训练不同，在传统训练过程中，我们会给AI设定一个目标，并在每一步训练后告诉它结果是否正确。通过重复这个过程数十万次，AI的训练就会逐渐步入正轨。而预训练则是给AI提供大量的语料，但不告诉它具体原因，让它自行学习其中的统计学规律。比如，在语料中如果经常出现"路遥知马力"，那么接下来就该出现"日久见人心"。

至于生成式AI与"人类智能"的区别，首先，人理解事物的方式是具身性的，即我们的认知与身体感受紧密相关。举个例子，当我说想吃东西的时候，你可能因为共鸣也觉得嘴馋肚子饿，并表示你也想吃。这种语言表达是基于身体感受的自然反应。但是，当你和生成式AI交流时，它只是分析输入的内容，推测大多数人在听到"想吃东西"时会说"我也想吃"，然后给出类似的回答。你可能觉得它的回应很有趣，但它无法深度参与对话，更无法用语言描述品尝食物的感受，因为它缺乏具身体验。其次，人类拥有长时记忆的能力，比如我们可以记住一周前看过的电视剧情节，但是对生成式AI来说，它无法在10天后回忆起之前与你的沟通内容。

about　听起来，生成式AI似乎在人类社会背景知识方面有所欠缺，像个只会接话的能手。除了运作机制的限制，是不是还有语料或者其他方面的问题？

董晨宇　我认为中文互联网的公域内容质量普遍不高，就像冻在冰箱里的菜，无论厨艺多好，做出来的饭菜也不会太新鲜。比如，我想写一篇关于"AI对教育产业有何影响"的论文，在用ChatGPT搜集资料时，它给出的答案总是些"正确的废话"，它会说："影响既有积极的一面，也有消极的一面，我们应该辩证地看待。"总之就是三条路走中间。这些答案对真正的研究毫无启发，在学术研究中，我们宁可要粗糙的锋利，也不要圆润的无用。这让我意识到，我们可能高估了生成式AI的创造性。

徐英瑾　面对个性化的创作，生成式AI的运作机制确实存在局限。打个比方，有些人喜欢用破壁机将多种水果混合搅拌，但我觉得这样的饮品缺少味觉层次。生成式AI也是如此，它将大量信息混合处理，产出的内容缺乏深度和层次感。这就解释了为什么ChatGPT有时会给出奇怪的答案。比如，给它一些高难度的数学题目，它的表现也许能达到985大学数学系本科生甚至研究生的水平。但如果你没有让它预训练初等数学题目，它可能会在这些基础题目上出错，这很不可思议。一个合格的数学系学生怎么会把初等数学题目做错呢？这里不考虑粗心的情况，问题在于它无法真正理解这些题目。

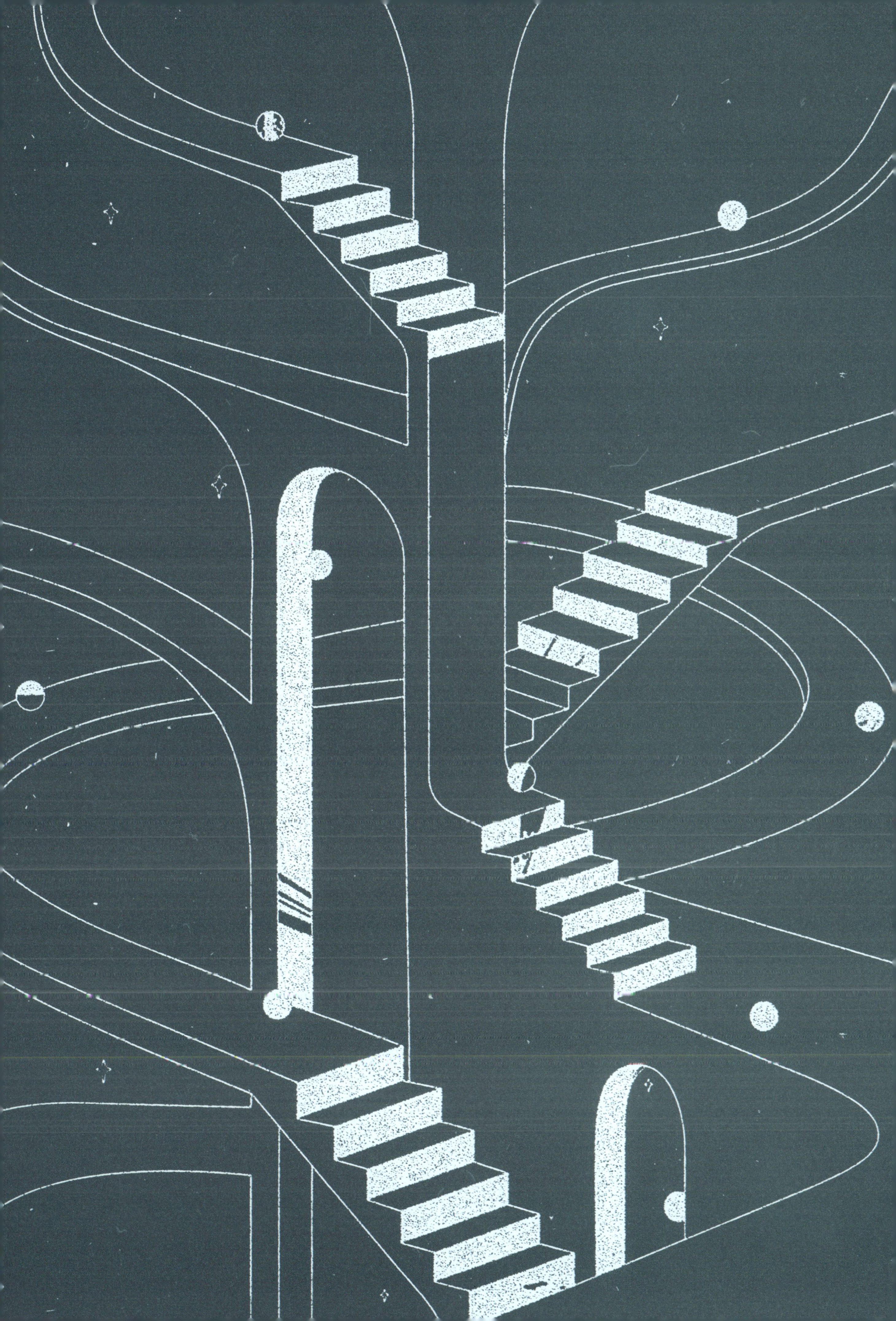

AI、效率、幸福

about　从现在的大趋势来看，AI技术的发展面临着什么样的核心问题？

徐英瑾　从人工智能哲学的视角来看，AI目前最棘手的问题在于它无法解决我们的基本困扰。比如，当下关于性别不平等的讨论，一个核心议题是家务和育儿工作大多由女性承担，这引发了深刻的社会矛盾。如果AI能够从根本上解决这一问题，那么性别间的争议，甚至性别冲突的激烈程度都可能降低。更不用说我们目前面临的许多任务仍需人类亲力亲为，如消防、护理等高风险和高担责的工作。

目前，AI的发展路径与大多数人的日常需求并不吻合，它能够解决的问题非常有限。在这种情况下，AI还可能加剧社会阶层的分化。许多人已经面临失业问题，而AI的进一步应用可能会替代更多的服务行业岗位。比如快递行业，如果未来使用AI和无人机技术来配送快递，虽然速度会大大提升，但这意味着快递员将面临失业风险，可能会引发更广泛的社会矛盾。

现在AI发展的基本思路是为了提高社会和行业的效率，而非提升个人幸福感。它并不能把个人从痛苦、重复性的劳动中解放出来，尤其是体力劳动。AI的科技树[1]点到了一个和我们以前想象的完全不同的路径上。我们曾经期待AI能帮忙分担家务，让我们有更多时间去追求更高品质的生活，但现实情况是AI尚未达到这个要求，但它却开始追求起自己的诗和远方。这个过程中人类的主体性体现在哪里？这在未来很长一段时间都会是个疑问。

1　科技树
一个领域内技术发展的路径和结构，用来描述不同技术之间的演化与依赖关系。

about　提到人类的主体性问题，AIGC（AI生成内容）可能对我们接收信息和判断真伪的习惯构成威胁，尤瓦尔·赫拉利在《智人之上》中也对此表达了深切忧虑。老师们对此有何看法？

董晨宇　人们担心AI的出现会让假新闻更加泛滥。但从历史来看，假新闻一直存在，AI只是提高了其生产效率。现在的问题不仅是单个信息的真伪，而是整个信息环境污染的问题。

信息污染首先影响的显然是公众，但对于平台创作生态的伤害被我们忽视了，因为它污染的是创作者环境。如果AI生成的内容吸引了大量流量，原本认真创作的人自然会感到不公平。就像盗版磁带冲击音乐产业一样，劣币驱逐良币，最终可能导致优质创作失去动力。

还有"洗稿"问题，一个原创内容火了，AI可以迅速生成上千个变体，抢占流量。此外，数字人技术[2]也已出现，它可以通过模仿一个人的说话习惯和整合互联网上特定的话题素材，生成一篇非常接近其本人风格的文稿。在这个过程中，我们让渡了自己的主体性，人变成了机器的代言人，这对创作生态构成了巨大威胁。

2　数字人技术
通过AI技术结合计算机视觉、自然语言处理、语音识别等技术，实现的具有人类特征和表现的虚拟人物。

现在，许多互联网平台的重要任务是识别AI——筛选出AI复制、生成、分发的低质量内容。我认为大平台现阶段追求的已不仅仅是流量，它们更担心的是庞大流量带来的合规性风险和内容质量问题。平台需要维护良好的创作生态，让用户不再因浏览上面的内容而感到低俗、无聊或受骗，同时让相关监管部门能够放心。这种多赢局面的实现依赖的是高质量信息。但问题是，许多平台目前并没有足够的技术能力来识别AI信息。

徐英瑾　这个问题需要辩证看待。AI的一个特点是会放大社会既有的缺陷。如果社会问题本来不明显，没有AI时还可以忍受，但AI的出现会让这些问题变得更突出。比如当个人的批判性思考能力相对较弱时，很多人很容易成为AI诈骗的对象。不同社会的AI发展速度和受影响程度是不同的。在某些国家，人们的社会习惯更倾向于面对面互动，对于线上接触持有保留态度，这在一定程度上就降低了大数据驱动的AI技术的直接影响。

about　以上这些潜在风险是不是源于AI发展的现状与我们预期之间的偏差？我们原本对AI的期待是什么样的？

徐英瑾　我们现在追求的AI，可以追溯到1921年捷克作家卡雷尔·恰佩克的科幻剧本《罗素姆万能机器人》。在捷克语中，"Robota"的原意是奴隶，后来变成今天我们所说的机器人。所以最初思考AI的时候，人们认为它应该成为家庭的仆人。在这样的设想下，AI的运作应该依赖于家庭所能够提供的特定小数据，而非当前依赖大数据和算力的模式。在这种模式下，AI能为特定需求定制服务，比如为阿尔茨海默病患者提供个性化陪护方案，减轻家庭成员的陪护负担，让他们有更多时间从事其他有益的工作。

董晨宇　新技术的扩散是复杂多变的，我们常讨论"AI for good"（"AI向善"），但是"For who's good"（"AI造福谁"）？受益的主体不是均质的，工作取代现象也是如此。一些基础工作可能不会被取代，比如帮按楼层的电梯操作员工作，因为它是对应了仪式感和门面感的。同样，高档餐厅的服务员工作不会被取代，因为它象征着一种有格调的服务。简单重复的工作和需要脑力劳动的创造性工作都不太可能被取代。最受影响的是中间层，AI对那些可编码的智力劳动构成的威胁最大。

我认为AI可以在很多方面辅助我们的工作，但是"最后一公里"还需要人为完成，比如AI可以指导如何办理营业执照，但最后实际跑腿的还是我们自己。这会造成一个"大厂味"非常浓的现象，叫"抓交付"。相比前期相对简单的流程，交付环节往往才是一个项目中最具挑战性的部分，这种情况加剧了职场竞争，可能导致能力一般的员工被取代，而能力强的员工则面临更大的工作压力。我一直思考，AI真的能让我们的生活更轻松、更幸福吗？徐老师的话启发了我，AI到底是为了什么？当前阶段的AI绝不是为了幸福，而是为了效率。但这个效率究竟服务于谁？最终的受益者可能并不是均质的。

技术焦虑周而复始，
如何以不变应万变

about　新技术的普及过程往往伴随着社会的焦虑与不安。面对一波接一波的AI浪潮，我们应该如何理解和判断技术带来的社会影响？

董晨宇　我一直认为，社会问题不仅仅是技术问题。就像徐老师提到的无人机送快递和外卖，有一本书叫《人工不智能》，书中讲述了硅谷尝试用无人机送外卖的故事，但在实施过程中遇到了多重障碍。比如，无人机在大学校园送外卖时，它应该从门进还是从窗户进？是否需要刷门禁卡？是否要向宿管阿姨报备？在美国，如果邻居看到无人机飞过并将其击落，责任又该如何划分？这就不仅是技术问题，而是复杂的社会文化问题了。

我们对技术的担忧应该放在具体的文化和社会关系中去考虑。技术的到来并不是像注射麻醉剂一样，打一针可以让所有人都立刻倒下。技术与社会文化的互动关系非常复杂，最终往往以社会妥协告约，即使是颠覆性或革命性的变化，也可能是在多年后逐渐实现的。

1　**文森特·莫斯可**
国际著名传播学者、传播政治经济学奠基人之一，代表作《传播政治经济学》《数字化崇拜》等。

著名学者文森特·莫斯可[1]有个观点："对于任何技术，在什么时候判断它带来的社会影响最为客观？是当这个技术已经成为生活中司空见惯的一部分，以至于不再被

69

讨论的时候。"比如，我们现在讨论电灯，可以非常准确地描述它对人类社会的影响。按照这个标准，新媒体技术中有哪些已经成为电灯般的存在？目前为止，我认为是微信，它是唯一一个已经基础设施化、覆盖人们整个生活的新媒体媒介。当技术达到这种程度时，我们才能真正探讨其社会影响，也才能对它做出相对客观的评价。而当前讨论的AI，吹掉泡沫后，它对我们的影响可能还没有那么大。

about　面对技术变革，有人欢喜有人愁，在这样的社会背景下，我们个人应该如何修炼内心的定力？

董晨宇　每一代人似乎都有一种错觉，认为自己生活在一个巨大的变革时代，这种错觉给大家带来了无比崇高的使命感。如今，AI的到来让很多人觉得我们正处在一个历史性的技术转折点。但当我们的孩子长大时，他们也会认为自己生活在前所未有的技术变革环境中。

回顾历史，上一代的技术变革不就是电视的普及吗？再上一代是广播。1922年，英国人首次听到BBC（英国广播公司）广播的时候，也认为这是划时代的变革。但实际上，广播对我们生活的改变似乎也没有那么大。我们总是对技术变革抱有无限的想象，现在我们将个人情感表达寄托在各种社交媒体上，但10年后，人们可能就不会觉得这些媒体有特别的影响力了，因为那时可能已经出现了更新的技术。

about　在技术焦虑中，教育领域似乎成了一个重灾区，许多父母不卷自己但卷孩子，希望孩子能在新技术变革中赢在起跑线。对于这种现象，两位老师有何看法？

董晨宇　最近我在逛商场时发现，服装店的生意显得有些冷清，但餐饮和少儿培训却异常火爆，尤其是少儿培训中的编程课和机器人课。这让我回想起20年前，父母称孩子为"数字原住民"，而父母则被称为"数字移民"。这种现象实际上是经济驱动的结果。那时候，父母是否学习互联网技术并不重要，但孩子必须学习，父母也愿意为此投入成本。现在的情况与过去相似，曾经的"数字原住民"变成了"AI移民"，而新生代则成了"AI原住民"。

当"AI移民"进入新环境时，会怎么做？他们自己学不会AI技术没关系，但不能让孩子落后，因此他们拼命让孩子学习，一代代地制造焦虑。这种焦虑看起来是合理的，但也被商业行为放大了。就像20年前父母担心孩子跟不上互联网时代的步伐一样，现在的父母也担心孩子学不会AI。但实际上，孩子们未来还会面临新的技术变革，这种代际焦虑可能会永远存在。在中国，许多人的生活似乎就是18岁前"被卷"，18岁后"自卷"，有了孩子后再"卷孩子"，如此循环往复。

徐英瑾　这种现象与认知偏差有关，很多人过分强调AI的重要性，认为它是对于小到个人生活，大到国家竞争的关键技术。实际上，研究AI所需的基础力量仍然是传统数学、物理学、材料科学等领域。这涉及学习过程。我对很多青少年学AI编程这件事感到困惑，因为如今编程语言发展得越来越人机友好，可能以前学的编程语言几年后就过时了。就像五笔输入法一样，现在几乎没有人在用了。AI热潮还衍生出了提示词工程师[1]这样的职业，虽然有一定意义，但是否必要还值得商榷。

我们应该关注那些始终不变的东西，比如数学和物理的基本规律、批判性思维能力等，这些才是教育的核心和应对技术变革的关键。

1　提示词工程师
AI领域的新兴职业，主要工作是指导AI大模型如何更好地理解用户意图，以及如何更精准地输出文本、图像或代码。

about　也就是您提到的比例感和层次感，它们依旧需要依靠许多经典的、基础的教育和学习方式来培养，并不是说有了科技就能瞬间改变。

徐英瑾　没错，技术变化的速度太快反而会减少我们思想反刍的时间，人的比例感会降低到比较糟糕的地步，这是真正要警惕的问题。我认为，即使是卷，也要卷对方向。对于文科生来说，良好的语感能让你在纠正机器输出语言的时候，精准地使用合适的词汇，起到四两拨千斤的作用，这需要通过广泛的阅读来培养直觉。而且，"卷"这个词本身就意味着标准的单一化，如果要积累真正的见识，我们需要多样化的标准，通过阅读各种材料来实现。

about　主流的教育观念将我们的生活变成了竞技场，创新和技术都被视为技能点，但这种竞争导致我们越来越同质化。在大数据和AI时代，我们应该如何自我教育，以培养真正的个性？

徐英瑾　个性化的培养有时候需要建立小共同体，这些共同体不必基于竞争。比如一个班级中，有的学生学习成绩优秀，有的学生兴趣爱好广泛，他们不必被单一标准衡量。这样做的好处是，大家可以良性互动，这比老师单向灌输更有效。实际上，学什么并不重要，关键是要培养学习的兴趣和多样性。我不喜欢有人问我必读书单，当然在特定的专业领域内，我会推荐一些必读书籍，但是对于普适的学习来说，很多知识都是相通的，没必要赢在起跑线。

成长为什么要局限在一个方向呢？教育应该用多样化的方法培养多样化的兴趣，以抵消大数据带来的单一性对人的影响。我们应该培养自己接受深度信息的能力，比如阅读和看电影，让自己习惯于深度思考，这样我们才能在信息碎片化的时代保持独立思考的能力，维持相对健康的审美品位。

董晨宇　我们未来所面对的，是一个听起来甚至有些反乌托邦的世界，没有人能够完全置身事外。过去，媒介素养的核心在于辨别力，即能够识别假新闻。搜索引擎出现后，重点转向了搜索力，即要能够检索到真实信息，避免在牙疼时误入非法医疗机构。但现在，这些能力已经不足以应对未来。我认为，更为关键的是"提问力"和"协作力"，这些将是未来一代人必须具备的关键能力。

如果大家都在看技术浪潮的热闹，就应该有人进行批判，这不是为了反对技术，而是为了让社会在推进技术时多些理性和审慎。从某种程度上说，知识分子应该成为那个不合时宜的堂吉诃德，因为给新技术鼓掌打气的人已经很多了，不缺我们这些人。我更愿意站在对面表达困惑和疑问，提醒大家有些事需要三思而后行。

本文书目清单：
《智人之上》　　　　　　　　[以色列] 尤瓦尔·赫拉利
《罗素姆万能机器人》　　　　[捷克] 卡雷尔·恰佩克
《人工不智能》　　　　　　　[美] 梅瑞狄斯·布鲁萨德

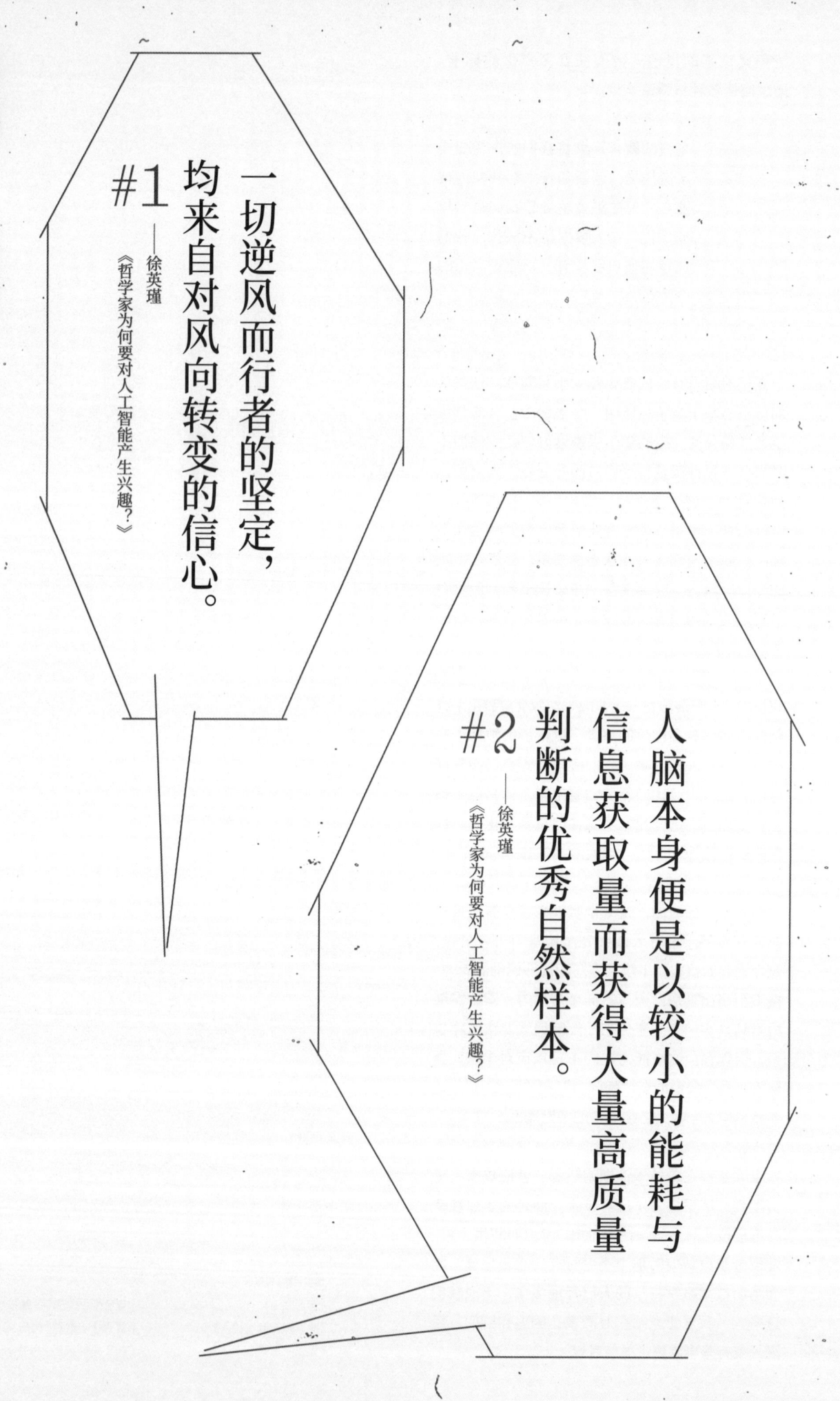

#1
——徐英瑾
《哲学家为何要对人工智能产生兴趣？》

一切逆风而行者的坚定，均来自对风向转变的坚信。

#2
——徐英瑾
《哲学家为何要对人工智能产生兴趣？》

人脑本身便是以较小的能耗与信息获取量而获得大量高质量判断的优秀自然样本。

#3 哲学反思之于
人工智能的底层操作，
就类似于战略
思维之于战术动作。

——徐英瑾
《人工智能，真的能让哲学走开吗？》

#4 AI科学自身的
研究手段，
缺乏删除不同理论
假设的决定性判决力，
这在很大程度上
也就为哲学思辨的
展开预留了空间。

——徐英瑾
《人工智能研究为何需要哲学参与？》

#5 新技术没有那么大的能力，
凭借一己之力，
完全颠覆这个社会。
传播学告诉我们最多的
就是"事情不是第一眼
看上去那么简单"。

——董晨宇
《不是互联网毁了我们，
而是我们没有足够的理智》

#6 互联网给我们
带来一种"日抛型"的
社会支持，
它复活了我们在传统
时代中被压抑的
那一部分自我。

——董晨宇
《不是互联网毁了我们，
而是我们没有足够的理智》

#7 当新技术宣称要让我们的生活变得更好时，我们或许应该更加谨慎地反问一句，新技术想要从我们这里带走什么？我想不想把这些东西交给它？这几乎是技术时代的底层命题。

——董晨宇
《社交媒体的逆向思考：技术想要我们为它付出什么？》

#8 我们对互联网的乌托邦和反乌托邦想象都是极简主义的，太过于简化技术和社会的互动。

——董晨宇
《社交媒体中的交往与想象：未必会让人陷入『群体性孤独』》

鸟鸟✕梁彦增：

人生是一场无限游戏

> 对创作者来说，痛苦、快乐和平静都是礼物。
>
> ◎ 人生中的痛苦就像咖啡机沥下来的咖啡渣，可能没有用、纯粹只是苦，但是创作就像一个回收装置，能把它变成一个除味盒，放进冰箱就还能发挥一些作用。

鸟鸟

脱口秀演员、编剧，电影《我们一起摇太阳》、网络剧《不讨好的勇气》文学策划。

"你想活出怎样的人生？"在成长过程中，我们每个人或早或晚都会在一些时刻，问自己类似的问题。

在倡导个性、强调不被既定规则约束的当下，我们的人生选择似乎失去了参照系。当社会剧本和假想敌都已消失，我们怎样在"开放世界"中开荒，为自己创造一套人生游戏机制？当外部环境和个体内部发生变化时，又如何确保这个游戏不会结束，一直保持"我"这名玩家的新鲜感？

作为脱口秀演员，鸟鸟对世界怀抱着更多"好学生心态"，梁彦增则始终"在元素很多的世界里乱转"，但他们都开创了属于自己的无限游戏。从自我成长的角度，我们和鸟鸟、梁彦增聊了聊如何在人生这场游戏中持久参与、找到意义。

有限的人生，无限的游戏

about　"无限游戏"这个说法，起源于美国纽约大学宗教历史学教授詹姆斯·卡斯，他在1986年出版的《有限与无限的游戏》一书中完整描述了一组新概念，即从竞技视角，把人类活动分为了有限游戏与无限游戏。你们之前了解过这种说法吗？抛开严肃的学术定义，你们对"无限游戏"的初步理解是怎样的？

鸟鸟　我之前对这个词了解不多，直到通过搜索才知道，"无限游戏"指的是一种以延续为目的的游戏。我起初以为这个词指的是可以无限升级的游戏，类似于"无限流"概念。但后来我发现，它是指那些可以不断拓展游戏空间的游戏。

我很少玩这种类型的游戏，它让我感到有些迷茫。我更喜欢那种有明确限制的游戏，喜欢那种设定好任务和目标，然后逐一完成的玩法。比如我在玩《塞尔达传说》和《极乐迪斯科》时，就会觉得自己在浪费时间，成就感比较低。有时候，我也希望人生能够像二维游戏那样简单——只需要往右走，往左走，就可以。

梁彦增　从我的理解来看，"无限游戏"可能和我的人生体验有些相似。我小时候生活在黑龙江，那里的高考压力相对较小，我也不是那种特别认真学习的学生。小时候，家里给了我很多指导，直到进入大学，我才开始自己做选择。这些选择有对有错，有些可能还会带来一些不尽如人意的结果，但都构成了一种"无限"的状态。当我亲身经历这些事情时，很难把它们当作游戏来看待，因为那时的痛苦过于真实。所以我认为在有限的人生中，我更希望能够把每一件事做好，像经营一场游戏一样。

about　从二位各自的角度出发，你们觉得为什么"无限游戏"会在当下再次被反复提及？

明天可能会很冷，我们可以多吃一点高热量的食物。

◎ 我现在生活在北方，冬季的天气可以用『野蛮』来形容。但大家并没有被寒风摧毁，都穿着厚衣服照常扔垃圾、遛狗，隔三岔五还会去吃点儿好的，看点儿好的。等我们再次重逢的时候，就已经春暖花开了。我会觉得，很高兴我们都度过了这个寒冬。

梁彦增
脱口秀演员。

77

梁彦增　从我自身角度出发，我能想到有点儿类似的情况是，在许多场演出结束后，总有观众会问我为什么选择从事脱口秀，或者为什么选择写作、出书。有些朋友称赞我勇敢，敢于尝试不同的事物。还有些朋友说自己想要出国留学，或者花一年时间去旅行，但又觉得未来不可预测，感到害怕和担忧。我认为这可能是"无限游戏"这个词会流行的原因——大家虽然压力较大，但是又想要追求某种日常生活以外的东西，也许就像大家喜欢"旷野"这个词一样。

我曾经和一个好朋友讨论，如果突然有一个亿万富翁找到我们，称他是我们的亲生父亲，要我们继承遗产，我们会做什么。我当时的想法是，拍摄一部自己喜欢的电影，不需要考虑任何其他因素，纯粹追求个人审美。我的朋友说他想要努力进入一所好学校，继续深造。这是我和身边朋友的典型情况，要么想要创作，要么想要学习。无论是创作、学习，还是旅行，某种程度上都是区别于日常生活的经历，也是大众眼中一种有新知、有新得的过程。

鸟鸟　我可能已经过了关注"无限游戏"这个词的年龄段，就像我朋友圈的婚礼越来越少一样。但我猜测，这个词在年轻人中流行可能是因为真实生活太有限了，就像只有小学生每天都在说辣条——因为大人不让吃，所以就一直想着这件事。

一天只有 24 个小时，人在同一时间只能做一件事情，而对我来说，我总是想在 1 分钟内做 8 件事情，所以我觉得时间太有限了。我既想完成一些生活上的事情，又想在创作上尝试突破，同时还想解决自己的心理问题，让自己更平和，以及锻炼身体。还有很多事情，只有在想象中成本才是低的，而在现实生活中会遇到很多困难。每次这个时候我就会想象，如果人生是无限的，会是什么样子？

about　"无限游戏"的一个重要特征是，能够不拘泥于传统的竞技规则，为自己创造人生的游戏机制。根据你们的观察，现在还有哪些社会标准正在束缚着年轻人？在哪些方面还是"有限"的？

鸟鸟　比如关于人在什么年龄就该做什么事的说法。我觉得人在二十几岁时听到"三十而立"这个词会感到压力很大，觉得自己根本无法达到这个标准。我感觉真正能够达到这个标准的人确实很少。还有一些评价标准，比如人必须积极上进，追求更高、更快、更强，或者必须追求稳定、追求社交的多元化等，这些实际上都对人有一定的约束，会让人陷入自我评判。我认为这种标准并不好。

梁彦增　我属于那种充分发挥"鸵鸟精神"的人。我知道这些束缚客观存在，所以我不断地奔跑，当跑不掉的时候就把头埋进沙子里。虚拟世界虽然是现实世界的人创造出来的，但它的广度确实能够为我们这些"赛博鸵鸟"提供许多逃避的空间。当我沉浸在一些更有意思的东西里时，可能就会暂时忽略大家都在追求的东西。比如每个人结婚时都会问我何时谈恋爱、何时结婚，并告诉我家庭生活如何幸福，但从个人成长环境出发，我并没有觉得家庭有多幸福，所以我很难被说服接受这种束缚。

我小时候在家里得到的教导，是必须与别人比较，不比较就不行。去年过年回家时，我奶奶还在用我的例子来激励我弟弟，说你大哥在你这个岁数已经如何如何了。我心里想，我在我弟弟这个岁数天天翘晚自习去上网，这有什么正面的教导意义？其实我的真实心声是，外界给的束缚已经够多了，我们就不要再给自己束缚了。

about　对两位来说，你们有没有自己人生的游戏机制或终极目标？

鸟鸟　我能够明显感觉到，离开学校后，游戏规则突然就变了。在学校时可以说是二维游戏，即使上大学以后活动很多，生活更多姿多彩，但主要还是看成绩，任务相对明确。然而，步入社会后，评价标准变得多样化。比如你的生活是否幸福？你的人际关系是否和谐？你的家是否美观？你是否擅长摄影，能否拍出好看的照片？每个人都有非常复杂且不同的方式，标准太多样，以至于我不知道该适应哪一个。

从高中到大学、再到社会，我都有很明显的错位感。如果标准太复杂，或者同时套用两三套标准，我会觉得难以应对。因为我太想做好了，但适应了很久才意识到，没有人能够同时做好每一件事情，我才接受了人生是所谓的"无限游戏"。

梁彦增　我自己始终是那种"东一榔头西一棒槌"的人。小时候由于家里的教育，我知道我应该好好学习，努力考上好的高中和大学，按他们的想法，我还应该读研究生。但我总是因为各种各样的事情分心——小学时就跟同学在操场摔跤，初中时因为特别想去重点中学才稍微努力学习了一下，高中又开始逃晚自习去上网。上大学后就更彻底"放飞自我"，除了保证不挂科，我基本上荒废了学业，每天忙于学校里的社团活动，又演出又写小说，没事就窝在学校的储藏室里。

我算是沙盒开放世界游戏的爱好者，但我每次都很难玩到结局。我玩《塞尔达传说》和《上古卷轴》，都没办法成功救到公主或者拯救世界。我会在这个元素很多、信息庞杂的世界中乱转，遇到一个地方就进去探险，遇到打击就回到复活点重新开始。我也知道无论做什么任务，都不可能只把它接到任务栏里而不去做，但我总觉得，在我前往任务点的过程中，总会有新奇的东西在等着我。

如何建立我的
"游戏规则"？

about　其实你们的经历本身就是"无限游戏"的写照：彦增18岁离开双鸭山，去山西上大学；鸟鸟也曾从原本的工科跨专业考研，转去学习创意写作。在做这些人生重要选择的时候，你们会有茫然无措的感觉吗？

梁彦增　最初去山西读大学、开始独自生活的时候，我肯定是兴奋的，但很快我就进入了无头绪乱转的状态：干播音、当主持人、说相声，还想做班级里的团支书……什么都想尝试，导致每一件事都做得不太好。就像玩一个新游戏，最开始的那几个小时我总是兴致很高，等了解了基础操作之后，新手保护期也过了，才发现原来我并没有把它玩好的能力。

从大三开始，我尝试专注做一些事情。学校的电视台有一个演播厅，由于大家学业繁忙，几乎没有人使用它。我就每天躲在那个演播厅里，别人来干活的时候，我就把那个地方让给他们，等他们用完了我再回去。这算是一种把精力节省下来，去干更多事情的方式。就像游戏里，无论你每天想做再多的事、下再多的副本，给你的体力都是有限的。你每天只有这么多体力，用完了就没有了。

鸟鸟　从工科转到创意写作，我反而觉得很踏实。考研时，我找身边擅长复习规划的同学帮忙做了一张计划表，每天只需要完成十件事，那些东西也是我想学的。另外，因为身边跨专业考研的人比较少，我想这种难度比较大的事就算失败了也很正常，所以反倒没什么压力。同时，我当时还有对远方的想象，会觉得学工科有点儿无聊，学文科是不是更有意思？

考上研究生以后，与其说我丧失了坐标系，不如说我感受到了双重坐标系。本科快毕业的时候，本专业的同学或工作或读本专业的研究生，基本上都有明确的出路。但我那时却觉得一切都很不熟悉。北京是比长春大得多的城市，我又走了一条专业不连贯的学习路径。按文科生的标准，我不够能说会道，发散性思维也不够强，从工科生角度来看，我的基础知识已经快忘光了，逻辑性也没有那么强。我会拿两套坐标系来评估自己，这个状态是最难受的，因为无法兼顾。

研究生毕业后，家里又觉得我最好找一份特别稳定的工作。但那时候我的动力体系已经崩塌了。我发现人生不是所有事都能像上学一样，一年升一个年级，高中三年努力一下就能考个更好的学校，也许我明年就生病了，这一切都说不准。所以我觉得，人生早一点搞砸是件好事，搞砸以后会发现谷底也挺好的。如果我初中就搞砸的话，我可能早就过上快乐的生活了。

刚才彦增说玩《塞尔达传说》的时候他没救出来公主，其实我到现在也没救出来。人生很多时候都无法完成那个最初设想的终极任务。但即便这样也没什么，把一个救公主的游戏玩成"野炊"也挺好，我是那种"塞尔达黑暗料理之王"，总能用特别名贵的东西做出特别垃圾的食物。但是每次那个"咚"的一声响起来，我还是有一种莫名的满足感。

about　两位在做脱口秀演员之前，都曾有一份看起来不错的工作，比如彦增曾经在互联网大厂，鸟鸟在家乡的杂志社。后来你们是怎么下定决心辞职，投入脱口秀行业的？

梁彦增　其实我在25岁之前完全没有人生规划。我曾经以为自己有人生规划，天真地认为我既能在互联网行业好好打工，又能兼顾脱口秀这个爱好，偶尔还能搞文学创作。但现在回过头来，我看到能在互联网大厂坚持留下来并且做得好的朋友，都是那种"超级卷王"。我最初进大厂时，有一个对我帮助很大的前辈，他基本上吃、住都在公司，周末也会去加班，就为了把项目做好。对他来说，工作本身就是一种获得成就感的方式。而我整天浑浑噩噩，不知道自己在干什么。

我从那家大厂出来以后去了另一家公司，是为了录一档综艺节目。那时我也没想过录完综艺节目之后怎么办，如果重新找工作，人家问"你为什么离职"，我说"我去录综艺节目了"，那也太奇怪了。但那时我就觉得，我能把每一件事都做得很好。结果录完综艺节目出来，积蓄花完了，大厂也回不去了，节目又一点儿水花都没有。

但我还是属于时代浪花中比较幸运的一朵，赶上了脱口秀行业开始往上走的时期，演出费可以承担我的日常生活开销，才没让自己"掉地上"。不过，我觉得当初即便犹豫也没啥用，因为我考虑的东西完全是错的。在大学刚毕业头两年，我完全不知道自己是什么样的人、适合做什么、应该怎么做，就是个愣头儿青。

鸟鸟　我辞职的原因是，当时我在呼和浩特没办法一边上班，一边搞脱口秀，因为脱口秀最繁荣的城市是上海或者北京。我原来的工作朝九晚五，中午还能休息一会儿，离家也特别近，同事和领导也都很友善。但是来北京讲了三次开放麦以后，我从9点01分开始就想下班了，上了一个星期班后，我觉得这个节奏实在是不如给50个人讲笑话有意思。我就认真想了一下，我是要为了退休金再在这儿干30年，还是去好好干一年脱口秀，然后直接饿死？我觉得还是直接饿死更有意思。

在行为路径上，我看起来一直都比较追求稳定，但其实心里还挺有冒险欲望的。我挺喜欢那种新鲜、刺激、没有很多人尝试的东西。可能因为我这个人生性敏感，所以感觉在这里活也不对劲，在那里活也不对劲，我就想换一个地方或许会好一点。

当时对我来说比较难下决心的因素，除了工作不稳定，还有要从北方来南方。作为一个"无知"的北方人，我对南方的想象就是有大蟑螂和没暖气，我觉得自己肯定生存不下去。可来了以后我发现，上海因为比内蒙古潮湿多雨，所以街上随便什么地方都可能长出特别鲜艳的花来。我喜欢生活里有一些这样的新鲜感。比如有的人会觉得搬家很麻烦，但我还挺喜欢找房子的过程的，我会想象自己的东西摆在那儿会是什么格局，像玩一种装修游戏一样。

about 你们给人的第一印象挺不一样的，鸟鸟比较安静内敛，彦增则更跳脱和有"松弛感"。你们觉得"松弛感"是玩好无限游戏的必备因素吗？一个"好学生"该如何玩好这场游戏？

鸟鸟 我感觉自己像一个体质不佳的拳击手。如果某件事能激发我的斗志，我还挺乐意去做的。但因为我体质太差，看起来总是精神不振，所以大家可能觉得我挺沉闷的。我觉得"好学生"并不是一个有益的自我定位。如果以好学生的标准来要求自己，就会放弃那些不太有把握的事情，这会限制你的人生体验。把自己单纯看作一个学生会比较好，就像是来这个世界勤工俭学的，这样你就不会对物质有太多要求，但可以体验到许多不同的事情。

回顾过去，我确实是在走一条很单一的路径，完成的都是那些标准简单的事情，我也会质疑自己是否真的那么渴望去远方看看。但当我真正尝试后，我才发现我真的很喜欢，甚至有点儿停不下来。我特别喜欢海边，偶尔几次去海边玩，我都会尝试冲浪之类的活动。虽然我自己的协调性并不好，海浪拍打得我够呛，冲浪板飞到我头上也让我感到害怕，但我还是感到非常有成就感。回来时，我的手被晒得非常黑。当我看到自己的黑手时，我很开心，觉得自己好像拓展了人生的边界。

梁彦增 我实际上完全不松弛，紧绷感一直伴随着我。和鸟鸟相反，我完全不敢尝试未知的东西，比如冲浪。我是会在岸边看别人冲浪，心里特别羡慕却不敢上的那种人。在台上之所以看起来松弛，是因为我为表现松弛感付出了非常大的努力。如果我选择用现在的演出风格，我就必须尽可能放松，观众才愿意和我建立连接。我会通过训练，不断地演，不断地复盘、调整，发现自己还有哪些不够松弛的地方，对着镜子审视：我的表情够松弛吗？我的动作够松弛吗？我的松弛是带有冒犯性的，还是能够让彼此都安心的？这也是我近年来决心认真做好一件事情的最终结果，是我人生中比较成功的一件事。

我很崇拜那些把自己绷得像一根弓弦一样，在关键时刻能够射出强有力的箭的人。真正松弛的人，我在生活中见得不多，每一个我都非常羡慕。但把松弛作为玩好无限游戏的必备因素的话，对大家来说就有点儿苛刻了。人能够在某一个时间段松弛就已经很幸福了，如果一定要松弛才能做好某些事，那很艰难，对很多人也不公平。

about 这两年我们也能看到两位做了不少跨界的尝试：彦增出版了小说集，拍了短片，成为一位新人导演；鸟鸟也参与录制了好几档综艺节目。想问问你们，尝试新领域的动力来源分别是什么？

鸟鸟 上真人秀节目对我来说其实压力很大，其他艺人既年轻又成熟，我是年纪又大又青涩。我完全无处发力，每天都不知道自己应该干什么。我之所以要上这档节目，就是因为别人邀请了我，我不想拒绝别人，也不想拒绝机会。我不想还没尝试就放弃，但尝试过就没有遗憾了，尝试过就知道，唉，这个东西我实在做不来，知道了自己的局限性，就没那么难受了。

我感觉自己的路径还是比较常规、顺理成章的。参加了一档脱口秀节目，接下来就继续脱口秀演出，或者尝试参加其他节目，算不上跨界。所以我看到彦增拍过短片，就觉得很厉害。

梁彦增 惭愧惭愧。我好像做了很多事，但根本动力其实都是焦虑。我焦虑的点并不完全在于怎么活下去，或者怎么成为一个让别人认可的人，虽然这些方面也有，但更多的是对失败的恐惧，这种恐惧非常强烈。就像我不敢去蹦极或坐"跳楼机"一样，我始终担心那根绳子会断掉，然后自己会坠入谷底。即便我总告诉自己我已经做好了掉到谷底的准备，但如果真的在攀爬过程中跳一下，我还是不敢。

我写小说、拍短片、说脱口秀，不断做新的事情，是因为每件事情如果继续做下去，我都会害怕失败。我只是去做一点点尝试，然后看看能不能找到一个尽可能不会失败的方向，再往前走。我会担心如果我出版了一本小说集，再写一本会不会还不如这本好？如果我去上一些更大的舞台，观众会不会发现我其实并没有什么才华，只是一个虚张声势的人？

这两年这种情况好一些了，我有时候做好了一点点事，就会试着再迈一步。即便小说写得不够好，

81

也硬着头皮把它先写出来，哪怕投稿失败了，也会硬着头皮继续写、继续改、继续投。当一个止步不前的失败者诚然简单，但在每个领域都失败也是一种成就。那就硬着头皮去跨界吧，就算都失败了，又能怎么样呢？

about 现在你们对于创作和表达，还会有最初的那种兴奋感和新鲜感吗？会有害怕自我重复的焦虑感吗？如何保持或者找回新鲜感？

梁彦增 在我这里，对自我重复的恐惧是非常强烈的。就脱口秀而言，我可以不断从大家的生活状态和各种人生故事中找到新鲜感，尽可能做一些新的、不同的尝试，模块化地构建我的专场演出。在其他领域，我几乎还处于起步阶段，所以目前仍保持在一个新鲜的状态。对一件事感到痛苦而非烦闷，就是好的。如果我在写作时经常感受到自己的才华有限，并为之感到痛苦，而不是觉得烦闷、想要放弃，我认为这种状态相对来说就比较健康。我们大多数时候都是在这种痛苦中前行，而不是马马虎虎地对付过去。

关于如何保持新鲜感，我觉得就是要常怀恐惧。这种恐惧感对我来说像是一种学徒的心态，永远都知道自己做得不够好，永远都在想为什么不更努力一点。对自我重复的焦虑，本身就是保持新鲜感的一种方式。

鸟鸟 脱口秀对我来说还挺新鲜的，我还没到厌倦的阶段。即便有时候做得少也不是因为厌倦，而是因为恐惧太强烈，以至于我无法开始。顺着刚才说的恐惧的正面作用，我觉得恐惧能更让我们了解自己想要什么。如果你特别怕自己写不好，可能恰恰说明你特别想写，因为不想写东西的人是不会害怕自己写不好的。

还有很多时候，人是不能顺理成章地理解自我的。因为我从小的教育环境就是要听话、适应，那时候人们也没有条件去培养一个孩子自主成长。我在那种条件下生长起来，就会习惯性地否定和忽视自己的感受，所以需要一个复杂的路径，才能找到自己真正想做的事情。我在面对一件喜欢的事情时，首先感觉到的是恐惧、焦虑，然后需要克服很多心理障碍，才能确认自己真正想要的是什么。

83

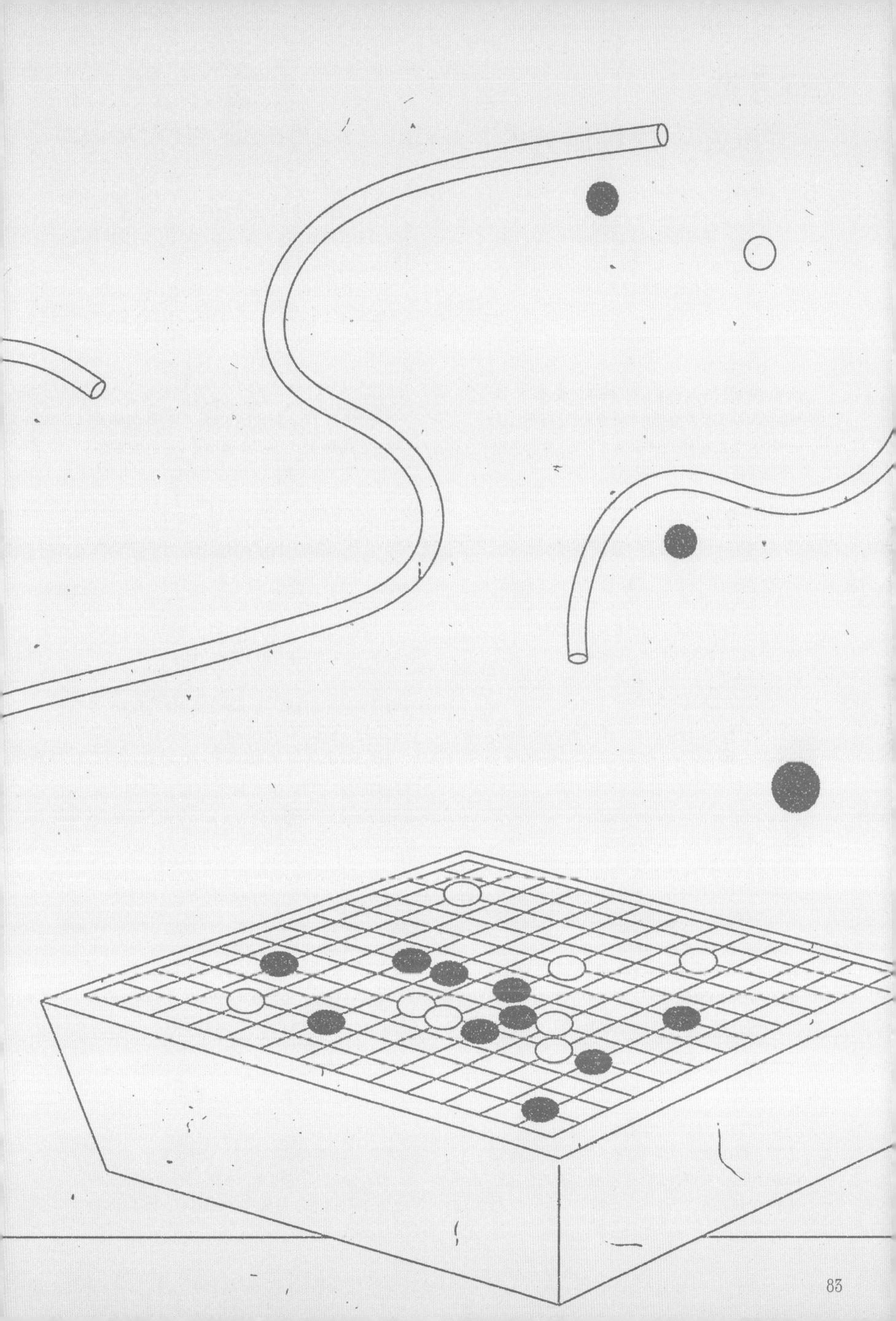

怎样才算"玩好"这场游戏？

about　做过这么多尝试之后，你们对于自己现在的人生状态都还满意吗？还有什么缺憾吗？

梁彦增　目前还是比较满意的。缺憾的部分主要是才华，这是无法克服的。我小时候对自己的期待太高，这个问题直到现在也没有完全解决。就像鸟鸟提到的，我从小到大接受的教育就是不去提出自己的需求，不去发现自己真正想要什么，导致我现在脑海中依然有很多想法来自他人的塑造。

现在我已经逐渐认清了自己的渺小，并且正走在一个慢慢剥离他人影响的过程中。但如果真达到一种彻底自洽的状态——不担心自己没才华，也没有其他人的痕迹在我身上——那可能又会进入一个非常孤独的阶段。所以我觉得这种痛苦和矛盾对冲掉了，现在没有哪一种情绪是过于强烈以至于把我淹没掉的，也没有哪一种是完全消失的。

我没有特别大的缺憾，只有一些很细碎的小遗憾，比如喜欢的小说不再更新，或者玩的游戏关服了，这些共同构成了我人生中遗憾的聚合体。

接下来我想去创作，无论是电影、文学还是戏剧，想做出更有意思、更好的作品。如果做出来了，我就会觉得对得起自己，但也没有特别高的奢望，因为确实很难，毕竟不是每个人都有创作的幸运。

鸟鸟　我的现状已经超出了小时候的预期，所以还挺满意的。但我对自己的状态也不是完全满意，这种不满意是一种常态。外部环境对我非常好，但有时候我没有能力去接受和转化一些好的事情，我会觉得我完成得还不够多。

我18岁的生日愿望就是想出版一本小说，到现在还没写完，我就继续写一写吧！所以我非常羡慕彦增的状态，我就是想广义上通过创作把自己的痕迹留在世界上。

about　说到文学创作，很多人都视文学为在有限世界里寻找无限的通道，对你们来说，文学是不是也是一个"无限游戏"的副本？

梁彦增　文学对我而言与其说是"游戏"，不如说是人生这场游戏里的"存档点"。我小时候去游戏厅打街机，至少要打进分数前十，才可能在这台机子上留下我的分数。我的分数也随时会被别人超越，永远有打得更好的人，更年轻的、更有天赋的游戏爱好者来到这台机器前，通过一顿操作，把我的记录往下挪一点，直到它从榜单中消失。

但文学不是这样。无论我做得好不好，只要去做，它就会在我的游戏历程中留下来。这个东西几十年后拿出来看，我可能会看到当年自己玩得多拙劣，明明是一个"法师"，却出了一身"狂战士"的装备。通过不断的挑战，最后也没有打到"魔王"，只是在村子周围杀死了几个弱小的"哥布林"。但是那个东西就在那里，它永远不会被别人的记录抹掉。这个事情对我来说太有诱惑了，因为我就想在世界上留下点什么，无论是什么样的东西，如果它是美好的，那就太好了。

鸟鸟　我接着彦增的话说，文学阅读可以让我脱离榜单记录这个标准，让我有一部分时间能够立刻回到以前的存档点。当我看别人很细致地描写自己生活的时候，我也会回想那个年龄的我在做什么。比如我看"那不勒斯四部曲"[1]描写那不勒斯这座城市时，我也会回想我从小生长的城市呼和浩特，会回忆起那种干燥寒冷的空气带给我的感觉。这种对记忆的唤醒是特别好的，让我觉得人生不是只能用一些单一的标准去框定，我也是一个很鲜活的人，会感觉自己又活过来了。

[1] 那不勒斯四部曲
意大利作家埃莱娜·费兰特创作的系列文学作品，包括《我的天才女友》《新名字的故事》《离开的，留下的》《失踪的孩子》。

从创作者的角度来说，我觉得文学是一种成本最低的探索方式，无论是探索外部世界的规则（去尝试大众传媒出版），还是进行自我探索（思考自己到底要怎么塑造人物、哪些人物有自己的性格切面），只要你有键盘，不停地打字，搭上时间就可以完成。

对我来说，作文就是通往"无限游戏"的钥匙。我第一次感觉到喜欢写东西就是在写作文的时候。虽然那时作文的分数也是有限的，再高也不过三四十分，但是我就在这三四十分里花无限的时间，感受到自己拓展兴趣的乐趣。那时候如果我看漫画，老师和家长都会干涉，但如果看文学作品就没有人管。这是我有限度的自由里最放纵的一块地方，所以我会非常沉浸地投入其中。

鸟鸟 我也觉得别拘泥于形式，希望可以在从事真诚创作的同时，能养活自己。如果可以，我还想尝试各种形式的创作，丰富自己的人生体验。

about 什么是你们理想中的生活？或者说，你们觉得怎样才算是"玩好"了这场人生游戏，标准在谁手里？

梁彦增 我对未来理想生活的最大愿望是身体素质不要进一步下降，因为我确实感觉到自己的体力在逐渐减弱。我小时候经常踢球，高中时因为觉得自己太瘦、体形不好看，我每天都会做几组仰卧起坐和俯卧撑。前段时间，我心血来潮想重新做这些运动，却发现连标准的俯卧撑都做不到10个，仰卧起坐一个都做不了。这种挫败感太强了。我那时才意识到，原来还有比没有才华更恐怖的事情，就是自己的身体一天比一天差。我能接受断崖式的直接消亡，但接受不了一天天地衰败。

关于怎么才能玩好人生游戏，我觉得首先得有足够的精力去玩它。标准是可以握在自己手里的，但前提是你是一个有力量把它抓紧的人，如果没有强健的根基，就只会像一叶浮萍。

鸟鸟 我理想中的生活是有一间朝南的书房——不知道为什么我就没租到过朝南的房子，在自己的房子里从未享受过阳光。我感觉晒不到太阳，会影响我的身体和心理状态。当然，这绝对是我写不出东西的一个借口。

about 刚刚你们讲到的更多是生活层面上的期待，具体到创作和职业发展上，对自己会有什么期许？

梁彦增 那就是稳定，能养活自己。别太跟自己较劲，偶尔认可自己就行。因为我物欲比较低，也不会渴望赚很多钱，或者扬名立万，证明自己。我觉得稳定是最重要的，稳妥一些，然后稍微对自己宽容一点，把恐惧控制到适度的范围内。

#1 不要把思考和敏感
当作一种负担,
想办法把它输出,
感受到它是一种礼物。

——专访文章
《鸟鸟：站在乌云下说笑话》

#2 我这个人就是,
躺的时候想卷,
卷的时候想躺,
永远年轻,
永远左右为难,
一切都是最不好的安排。

——鸟鸟
《脱口秀大会第五季》

鸟鸟 × 梁彦增

人生是一场无限游戏

#3 信心,
—— 史铁生
《病隙碎笔》

既然不需要事先的许诺,
自然也就不必有事后的恭维,
它的恩惠唯在
渡涉苦难的时候可以领受。

#4 我变得如此锋利,
—— [韩] 韩江
《素食者》

难道是为了刺穿什么吗?

#1
取自《人物》杂志的专访文章
《鸟鸟:站在乌云下说笑话》

#2
取自鸟鸟在综艺节目
《脱口秀大会第五季》中的表演

#3 ~ #4
鸟鸟喜欢的"一句话"

87

#5 理想是什么,
这个问题本身并不会
改变我的人生,
但是对我来说,
重要的是得拥有一个
叫"理想"的东西,
有它存在我才知道要
怎么样去生活。

——梁彦增
《一席》演讲

#6 原来这个世界上的人,
只要你做出了一点点成绩,
他们就会夸你。

——梁彦增
《一席》演讲

#7 喜欢现在的自己
是非常宝贵的一件事情。
就算我不喜欢现在的自己,
我也会学着这样去思考。

——播客节目《梁彦增:曾经我是双鸭山故事大王》

#8 在深海一样昏暗的中年生活里,
自己偶尔也能朝着迎面撞来的厄运,
亮出成千上万颗鲨鱼的牙齿。

——胡续冬《一个拣鲨鱼牙齿的男人》

#5～#6.
取自《一席》演讲《为了能当领导,我爸给我报的每个志愿都是"人力资源管理"｜梁彦增》

#7
取自播客《秋喜的备忘录》的单集节目《梁彦增:曾经我是双鸭山故事大王》

#8
梁彦增喜欢的"一句话"

生活的
注 脚

Section 3

诗歌、歌词、

台词、书摘……

那些给过我们力量的话语,

或许就藏在生活的细节中。

张定浩：诗歌不能使任何事情发生

张定浩

诗人、文学批评家、《上海文化》杂志副主编，著有诗集《我喜爱一切不彻底的事物》《山中》等。

张定浩位于上海巨鹿路的办公室

诗人布罗茨基曾说："如果说有什么东西使我们有别于动物王国的其他代表，那便是语言。"而诗歌，作为语言的最高形式，"就是我们整个物种的目标"。诗是人类童年习得的最初语言，从原始的狩猎、祭祀行为诞生起，就与文明的演化铰接，直至今天。它沉淀着我们纯真与庄严的过去，而诗人，则常常是回望和复活这过去的人。

回望和复活，也是诗人、文学批评家张定浩眼中属于诗歌的可能性。作为批评家，他常常尖锐严苛，评论起余华、苏童等名家来也不依不饶。而一旦写起诗，爱欲便舒展开，取代了雄辩。对他来说，诗歌来自生活中那些难以释怀的场景。写诗的过程，就是找到一个合适的语言装置，把它们保存下来。与生活密切相关并不意味着囿于眼前，相反，张定浩认为写诗意味着一种连接。他的写作从私密的"我"出发，以语言为半径，企图尽量波及一个更遥远的公共世界——过去的传统、陌生的读者、普遍的情感。

今天，这种连接依旧在发生。人们投入季风与人流，在社交平台上、在工地里、在地铁站台和金融中心写诗，用语言向最小单位的确定性迈出试探的一步，以寻求面对困惑的方式。而每当我试图夸大诗的作用时，张定浩总是淡淡地给予否认。他更情愿相信诗人奥登在《悼叶芝》中所写的，"诗歌不能使任何事情发生"。

张定浩办公室外的楼道里，堆放着历年的各类文学刊物

"所有困惑的简单解决都是虚假的。"张定浩说。他相信孟子所说的"反身而诚"——一切问题都回归到自身去寻求答案。问题不会消失，但因为人不断地前进和行动，它们会被慢慢抛在身后，而张定浩选择的行动便是写作。在这种意义上，写诗是一种自我治疗，通过进入语言场域探索，让自己对事物的认知发生改变。诗歌既是方法，也是答案。

01　写诗就是寻找一个语言装置

about　批评家和诗人是两种不同的角色，作为同时拥有这两重身份的人，你认为写评论和写诗所动用的情感有什么不同？

张定浩　写评论需要聚焦一个公共性的问题，包括文学问题，而不仅是评判一本书的好坏。在找选题的阶段，会有一种类似雄辩的冲动。诗歌则更多是一种私人化的经验——起初是一些画面、场景、句子，你需要找到一个装置把它们保存下来，写诗就是寻找这样一个语言装置的过程。写诗的时候我不需要说服任何人，我只需要营造一个倾听的场域，面对一些具体的人讲话。

我举个例子。几年前，我女儿参加钢琴 7 级考试，需要我全程用手机拍摄，实时上传。因为我直接参与了这场演出，所以非常紧张，特别害怕她在关键时刻弹断。当看到女儿的手指一直在飞舞和跳动的时候，我突然觉得，音乐真是一种可怕的艺术，一旦开始就无法停止，就像生命一样，一旦停下来就宣告了死亡。所以我写了《威尼斯船歌》，我找到了音乐和生命之间的这种对应关系，就是找到了一个装置。有时候如果你没有找到这个装置，那些句子就只能停留在草稿本上，它就成不了诗。但如果只是为了自我情绪的表达，就会过于个人化，我觉得最终还是要将个人事务转化为普遍性的东西，这样的时刻才是有意义的。

威尼斯船歌

● 作于
2021年2月

● 收录于
张定浩诗集《山中》

你练习弹奏这首曲子已经很久了。

我听到水面渐渐成形，摇曳波光，

并目睹歌声从这波光中挣扎而起。

当你手指在黑白琴键之间翻飞跳动，

我在想音乐是一种多么可怕的艺术，

一旦开始，它就要求一刻也不能停下来，

直至结束，就像我们的生命，

它从混沌中诞生，那些最先出现的声音

一一熄灭，又不断催生出新的声音，

即便在短暂的休止中，这音乐依旧

在继续，即便在这样轻柔的旋律中

每个消逝的音符依旧要求被挽留，

被新的和声裹挟着一同向前，它要求

所有被震荡过的琴弦都朝向

一个持续不断的现在，每个时刻都同样重要，

就像宇宙中可能拥有的对称性，

在音乐中，在此刻弹奏音乐的你身上，

我们能够轻易地体会

格特鲁德·斯泰因曾追求过的理想写作，

每一个句子都实现它自身的复杂，

同时也绵延成一个无法预见的整体。

你在弹奏，世界正年轻，

这首曲子才获得它的开端。

about　　　诗歌的公共性和私密性之间的关系，好像一直是一个被反复讨论的问题。艾略特有句著名的论断："诗歌不是对情感的放纵，而是对情感的逃避。"你怎么看待这句话？

张定浩　　我对此很认同。宣泄情感是浪漫主义诗歌的特质，现代诗并不是这样。浪漫主义认为自我很重要，但是如今的人们意识到自我其实并不重要，实际上，自我与他人的关系相当复杂。王尔德说，所有的劣诗都是由真情实感构成的。情感的宣泄其实不会产生好的效果。每个人所经历的喜怒哀乐，都是差不多的。一个优秀的诗人和普通人的情感差异，不在于他所表达的情感本身，而在于他面对情感的方式——他如何消化和整理这些情感。

艾略特强调的是，要从自己过于私密的情感中逃出来，去找到更具普遍性的议题。他创作《荒原》的初衷，首先也源自他对一段糟糕婚姻的逃避，而不是"我要写出一部现代主义巨作"。然而，作为一个生活在20世纪20年代的人，他在那样的社会里遭遇到那种现代性的情感，使得他处理自己情感的过程，其实就是在处理现代性的东西。他的逃避本身是要把这种情感普遍化，而非沉溺在个人化中。在《荒原》里，他逃到了历史和神话的种种典故里去，但并不是简单地逃避这段感情，而是在那个世界中寻找与之对应、类似的元素。当他找到这种联系后，便将这段情感放置在了一个更广泛的空间里，从而获得一种安慰，也让其他有类似情感的人获得一种慰藉——所有的事情其实都曾经发生过。

about　　　你之前在采访中也谈到，"诗歌是一种连接"，用声音连接音符与音符，用典故连接过去和当下。

张定浩　　是的，典故就是很典型的连接。新文化运动时期，我们曾对典故深恶痛绝，认为它是一种炫技的表现。但其实典故就是一个时空的装置，它可以让创作变得更厚重，帮助我们迅速打开一个更广阔的时空。当你进入这个装置，古今中西的内容都可以在几句话内贯通起来。如果没有这些典故，现代人的表达往往就会显得比较干瘪和单薄。

about　　　某种意义上，这也是一种加速？布罗茨基说："写诗的人写诗，首先是因为诗的写作是意识、思维和对世界的感受的巨大加速器。一个人若有一次体验到这种加速，他就不再会拒绝重复这种体验，他就会落入对这一过程的依赖，就像落进对麻醉剂或烈酒的依赖一样。"你在创作中有过这种强烈的加速体验吗？

张定浩　　在我的理解中，这种加速是具体的，体现在语言层面上，通过语言你可以加速空间和时间。当你使用一个典故时，你的思维瞬间穿越到了古希腊或古罗马时期，这其实就是一种时间上的加速。当你在讲述某一个地方的小事时，突然转向了宇宙和星辰，这是一种空间上的加速。

我曾经写过一首小诗，题为《有信》。女儿小时候，我在房间里写东西，她在客厅里，总是想打扰我。有一次，她通过门缝把纸条塞进来，说："有信。"我正好抓住了这种瞬间。我想到长大后她是否还会给我写信。那时候，我们之间的隔阂就不仅是一扇门，她可能去了国外留学，可能在某个遥远的地方，我们之间就隔着一片海，隔着一群人。甚至，以后我不在世了，她到墓前给我烧纸，那时候我们之间隔着的就是一层土，生与死。一扇门、一群人、一层土，这三组隔阂的意象之间构成了一种加速。这种加速中有很大的快感，但这并不是诗人人为地赋予它的加速的力量，而是语言和情感本身自然的加速度。

有信

● 作于
2015 年 12 月

● 收录于
张定浩诗集《山中》

我把自己关在书房写字。

你在客厅，纸片上画画，

努力从门缝塞进来。

有信，你说。

我就轻轻抓住一点点探进身子的

小纸片，抓住小小的你

给我的信。

以后长大了你还会给我写信吗？

隔着几千里山川，抑或隔着

一片海，一群人，一层土，

都好像

只隔着 一扇门。

我在门这边，听见你大声地说

有信。

about　　有了女儿之后，你的诗歌风格似乎有很大的变化。成为父亲对你的诗歌创作有什么影响吗？

张定浩　　可能有点儿影响吧。之前写诗会有一种预付性的强烈情绪，会强行去创作一首诗。因为孤独，因为感受到世界的不完整，所以必须去创造。有了孩子之后，对写诗反而看淡了。我写关于女儿的诗，并不是为了写出一首出色的诗。只是作为父亲，我感受到其中有一些闪光的瞬间，让我觉得这个世界是值得去忍受的，而我想把这些闪光的东西记录下来。后来的作品中我也探讨了爱的议题，这是自然流露的，而不是我强行要赋予它某种意义。

about　　你说你是"回望型"诗人，写诗就是"把那些在回忆中最难以摆脱的情感，写成诗，以便将他们忘却"，诗歌对你来说是某种对过去的告别吗？除了摆脱过去，它是否存在一些面向未来的意义？

张定浩　　我觉得写诗大部分时候都是一种往回看的状态，就像本雅明所说的"历史的天使"[1]，他虽然被"进步的风暴"吹向未来，但他的眼睛始终是朝向过去的，而过去则是一片废墟。我们每个人的生活就是不停地遭遇各种事物，但你如何从这些经验的废墟中整理出一些东西来，这是诗人要思考的。

[1] 出自德国文学评论家、哲学家瓦尔特·本雅明对保罗·克利的画作《新天使》(*Angelus Novus*) 的评论。本雅明称这幅画作展示了一只被象征"进步"的风暴推向未来、同时回望着历史废墟的天使，借此阐释他对进步与遗忘之间关系的思考。

我觉得写诗的过程基本上是一个类似于复活的过程。把过去加以复活，其实是给予它第二次生命。诗人所写的不仅是他自己的生命，万物生命的废墟和残骸也要靠诗人加以复活和呈现，将它们保存下来。生命存在于万物本身，然而复活却在诗人。

about　　复活的概念可能比告别更准确，如果只是告别，好像只是让我们变得越来越轻。

张定浩　　因为复活是一个相对积极的意象。如果是告别，那告别之后做什么呢？是要走向未来吗？我的看法是，对文学工作者而言，未来其实并不是特别重要的事情。人们过于关注未来，实际上所考虑的无非名利。商人和政客最关心未来，他们利用人们对未来的短暂期待，获取最大的利益。如果你认真思考一下，会发现每个人的未来其实都是一样的，都是未知，因此这个问题其实是没有意义的。但过去发生的事情对每个人来说是不一样的。

about　你的诗有很强的音乐性，非常适合朗读，或许你是那种会用声音去写作的诗人。你在写诗的时候会假设一个理想的倾听者吗？

张定浩　对，我是对诗的听觉效果比较敏感的人，每写一句话都会自己读一下。更多时候我设想的倾听者只是普通的读者，我需要把他们召唤到这样的场景中。我认为只有吸引了陌生读者，写作这件事才有意义，否则它就会变成一种自言自语。因此作品既要有私密性，也要具备可交流性。从交流的角度看，听觉就显得更加重要，因为音乐可以作为所有人之间的交流媒介。虽然其意义会因为所指和上下文而不断变化，但即使我不太懂，也能被这种声音吸引。

（左页）艾略特的《荒原》是张定浩非常喜欢的一部作品

（右页上）
张定浩的两部个人诗集《我喜爱一切不彻底的事物》《山中》，分别出版于2015年与2023年

（右页下）
张定浩推荐的三本书：
《穿越月色宁谧》《宇宙来我手中啄食》《艾略特诗选》

张定浩
山中
我曾经写下的那些诗，
安放着我们日常生活无法消化的
那一小部分笨拙的生命。

叶芝诗歌新译与精注
Vicente Huidobro
THE WASTE LAND
and Other Works
艾略特诗选

张定浩在办公桌前编辑稿件（上、下）

02 用一种"诚实"的写作，向内求索

about 这两年我们看到了很多与公众交流性更强的作品，比如所谓的"素人写作"，外卖员、工人，以及其他很多人在各类社交平台上写诗。你怎么看待这样的当代诗歌创作？在不同的时代，人们写诗的冲动是类似的吗？

张定浩 我想，在每个时代，写诗的冲动都是类似的。但我认为，如果你在写诗，就必须以诗歌的标准去判断它。媒体、评论家和出版人往往会利用这种素人写作，制造某种虚幻的正确。外卖员写诗和中专生在数学竞赛中获奖，两者有类似的内涵，人们期待看到一个没有力量的人忽然获得巨大的力量。我认为要辨别其中的虚幻性，并不能因为我是素人，我的作品就比学者的更加具有正义感了。只要你进入诗的领域，就要用诗的标准去衡量它。

about 很多人不一定想要成为诗人，只是想要保持自我的表达，你觉得任何一个写诗的人都应该对自己有所要求吗？

张定浩 那是当然的。既然所有的表达都依赖于语言，就要信赖语言本身的力量。米沃什也说过类似的话，"我们是语言的仆人"。一旦成为语言的仆人，语言就不只是被操纵的工具，你要信赖语言的力量。年轻人一旦喜欢诗歌，就要忠实于诗歌本身的标准。一旦陷入一种"我只是玩玩"的状态，就很难写好它。如果你既想写得好，又不想被别人批评，一旦别人批评，你就说"我只是玩玩"，那么你就很难写得好。

about 现在的年轻人，也许是把写诗当作在变动不居的时代里寻找确定性的方式。

张定浩 我年轻时确实经历过相似的困惑，但我的做法是假如没有想好某个东西，可能就不会轻易下笔，我会搁置它，随着时间慢慢去看清楚。当然也有可能存在一种更好的情况：即使不确定，我也可以通过写作的过程一点点探索，进入语言的层面去挖掘它。我的意思是，写诗本身并不应该变成一种自我发泄，应该是一个探索的过程。慢慢地，完成写作后，你对事情的认知可能会发生变化。我觉得写作其实是自我治疗，通过写作解决了很多问题，或者这些问题本身已不再是问题，而是变成了一些新的、更有意义的东西。

就像孟子所说的，"万物皆备于我矣。反身而诚，乐莫大焉"。所有的事情，回到自己身上去解决，这个思想是儒家强大的内涵。现在的人很喜欢怨天尤人，总是把任何事情

归咎于外部环境，比如原生家庭。很奇怪的是，为什么现在大家总是把责任向外推？在推脱的过程中，其实自己并没有变得更加健全，情绪也并没有获得改善。我觉得更好的解决问题的方式，是从自己身上去找出路，归根结底，这个世界上只有"我"是我自己可以控制的，不是吗？

about　　那你会期待出现一些非常天才的头脑，来处理我们这个时代的经验吗？

张定浩　　我并没有什么期待，因为每个时代的经验，都需要经过很长一段时间才能被处理。我们对这个时代的焦虑太强烈，似乎10年，甚至5年就被视为一代。但如果把目光放长远，在一个更广阔的时间维度中前行，几十年、一百年或许都只是一个短暂瞬间。从这个意义上说，时代焦虑可以减轻一点。

我更相信"天将降大任于斯人也"。对我来说，这个命题始终要回到自身：我做好一点，这个时代就会好一点；我把这个时代的经验呈现得更多一点，这个时代就更清晰一点。至于天才与否，福楼拜有一句话，"天才就是缓慢的耐心"。对他而言，天才就是慢慢做好一件事，其余的都是后世的追认了。

about　　你前面提到，无论写作主体是谁，我们都不应该降低审美上的判断标准。前几年，你也对整个批评界表达过不满——大家一上来就讨论主题、形式、题材，却不做价值判断。你为什么觉得判断这件事情这么重要？

张定浩　　因为我们在判断的时候，并不是简单地评判好与坏，而是在暴露自己的认知。判断是一个自我呈现的过程，同时也是一个自我检验的过程。一旦放弃了这种判断，自我就会处于一种隐藏或自我欺骗的状态。人到了四五十岁，棱角可能会被磨没，这很正常，但很多人在二十几岁时就已经把自我包裹得非常严实，变得非常圆滑。自我不被暴露，就无法获得成长。还是要把自己暴露在阳光下、雨水中，才能够得到磨砺，即使判断错误了也没关系。你必须先做出这样的判断，然后通过严苛的标准去检验它。

about　　你一直说要"信赖语言"，你似乎很相信语言的力量。那么诗歌呢，你相信它具有改变命运的力量吗？

张定浩　　我不太相信。在某些真正的危机时刻，文字往往显得无力，反而是文字背后的一些闪亮的时刻，一些亲密的人、爱的对象给予我们更坚实的力量。我觉得年轻人需要找到一种爱的力量。似乎现在的年轻人都不太愿意谈恋爱，是吧？

about 怎么理解这个爱的力量呢？你现在把"爱"视作动词还是名词？

张定浩 应该是个行动的状态吧。爱就是一个从自我走向他人的过程，是一种能够吸引着你离开自我的力量。就像柏拉图所说的"爱的阶梯"，在这个过程里，有一种美的力量，它吸引你从自我出发向上走。在摆脱自我之后，许多事情就会得到安慰，因为人沉溺在自我里面的时候，总是存在各种困惑。

about 柏拉图说"爱是阶梯"，而我们现在的状况可能是这个阶梯没有"无障碍设施"——我们似乎很缺乏情感教育。

张定浩 我们的文化里，对男女之爱的讨论确实相对匮乏，谈论更多的还是友谊之爱、友爱的共同体。《诗经》里说，"既见君子，云胡不喜"，指向的就是朋友层面的相互滋养的感情，这种关系更加支撑人。

我觉得我们也可以不局限于男女之爱，我们可以爱更好的事物、爱更好的作品、爱那些在心智上超越我们的人。这种心智上的爱能够引领我们，让我们变得更加健全。你会发现，很多创作者在访谈最后往往都会回归到诚实和爱的主题上，这并不是偶然。一种可以称之为"爱"的写作或"诚实"的写作，是重要的。

张定浩
"给明天的诗句"

因为诗歌不能使任何事情发生：

它活下来

在使它成形的山谷，

那儿官吏们

尚未想到去干预，

它继续流向南方

流过孤绝的牧场，

流过拥挤的悲伤，

流过承受我们信与死的蛮荒小城，

它活下来，

以某条偶然的道路，

在某个入海口。

——《悼叶芝》

[美]威斯坦·休·奥登著，张定浩译

诗歌能够起作用的地方，不在未来，而在过去。它不会让我们的未来变得更好，但它可以改变我们的过去，让我们每个凡人觉得自己曾经的生活是有意义的。但这意义，并非"只有平凡才是唯一答案"之类的话，我们是在诗歌中体会到自己属人的高贵。

浮沉它依附着人海的浪涛，
明暗自成了它内心的秘奥。
——《莲灯》林徽因

人的一生总归是起起伏伏，而最终，你是否能成为一个内心足够丰富的人？成为一盏灯，在某个入海口。

我们如何指望

群星为我们燃烧，

带着那

我们不能回报的激情。

如果爱不能相等，

让我成为爱得

更多的一个。

——《爱得更多的一个》
[美]威斯坦·休·奥登著，王家新译

有一种爱，是爱那些比我们更高的事物，比如群星，比如美。但也因为如此，这种爱注定是不对等的，但这个诗人之所以选择这种爱，是因为他既谦卑又骄傲。

打动过我的那句诗

01

凡是我所爱的人
　　都有一双食草动物一样的眼睛
　　　　他注视我
　　　　　　就像注视一棵不听话的草

——《凡是我所爱的人》
　　巫昂

● 一首令人过目难忘的关于爱的短诗,写尽亲密关系中的美好与残酷。诗人巫昂将爱人之间的温柔与较量都放在这短短的诗行里,展示了爱的复杂吸引力。

▷ #01~#03

里所

诗人、译者、"磨铁读诗会"主编。
著有诗集《星期三的珍珠船》，
译作《爱丽丝漫游奇境》《关于写作》等。

02

**It's the order of things: each one
gets a taste of honey
then the knife**

**这是事物的规律：每个人
都先尝到蜂蜜的味道
然后挨刀**

——《那骄傲的 消瘦的 垂死的》
[美] 查尔斯·布考斯基著，伊沙、老G译

● 生活中的幸福之所以珍贵，往往是因为我们投注了巨大的牺牲，没有什么是白得的：等量的痛苦，交换等量的甜蜜。布考斯基爱写自己的故事，爱写底层小人物的故事，在贫穷、醉酒、疾病、心碎、孤独、痛苦、麻木的生活里，他们挣扎、跌落，又重新站起，等待死神将他们从烂醉如泥的日常中带走，但在这样的生活里，也有爱情和理想，以及无限美好的时刻。

03

I don't like love as a command, as a search.
It must come to you,
like a hungry cat at the door.

我不喜欢爱像一种指令或搜寻。
它必须来找你，
就像一只在你门前的饥饿的猫。

——《关于猫》
［美］查尔斯·布考斯基著，伊沙、老G译

● 有时爱是一种急迫的需求，如果恰好是双向需求，那就是难得的完美体验。布考斯基把爱比喻为饥饿的猫，生动地诠释了这种爱的"必须"和纯粹。

"为你读诗"联合创始人、CEO。
偶以"晓弦"为笔名,书写诗歌随笔。

张炫

04

欣欣此生意,
　自尔为佳节。

——《感遇十二首·其一》
张九龄

● 什么时候,你感觉到了人间好时节?无门慧开禅师写过一种好时节:"春有百花秋有月,夏有凉风冬有雪。若无闲事挂心头,便是人间好时节。"的确,心中无事挂碍,生命里有闲情,怎能不说是好时节?

最近读到的张九龄的这首诗,可以说是另一种意义上的好时节——春天兰草丰茂,秋天桂花皎洁。无论春秋,只要它们欣欣向荣,生机盎然,自己就是自己的好时节了。的确,当我们专注于自身,又何须通过外界的欣赏,来体现自己的价值?

"欣欣此生意",也是人间好时节。生意,生机勃发之意。送给大家。

05

不要等到明天才幸福吧,
　请从现在就开始幸福。

——《冬日笔记》
秦立彦

● 生命是,也仅仅是现在经历的这一刻。专注当下,无比重要。

06

我无限地热爱着新的一日
　　今天的太阳
　　今天的马
　　今天的花楸树
　　　　　　使我健康
　　　　　　富足
　　　　　　拥有一生
从黎明到黄昏
阳光充足
胜过一切过去的诗

——《幸福的一日》
　　海子

- 当我们把热爱投入每个新的一日，今天的一切，将构成我们富足的一生。好好生活吧。

▷ #07~#11

作家、视觉艺术家、
"读首诗再睡觉"公众号主笔。
版画作品"红气球"系列曾经在中美多地的画廊展出。

光诸

#07

The long brown path before
　　　　me leading wherever I choose.
　　Henceforth I ask not good-fortune,
　　　　　　I myself am good-fortune.

漫长的**棕色小路**在我面前，
　　　通向我所**选择**的任何地方。
　从此我不再**祈求**好运，
　　　　　我自己就是**好运**。

——《大路之歌》
[美]沃尔特·惠特曼著，光诸译

● 无论什么时候，我对青年人的建议一直是："住在哪里是最重要的。"如果世界处在上升期，那么选择最适合你的地方居住；如果世界在沉入萧条和变乱，那么尽量选择富裕和开放的地方。居住地点的变动总是意味着冒险，所以我推荐这首关于旅行和冒险的诗。

113

08

y no conocen la prisa
  ni aun en los días de fiesta.
 Donde hay vino, beben vino;
  donde no hay vino, agua fresca.

从不知匆忙，
  甚至，在欢庆的日子。
 如果有酒，就喝酒；
  如果没有，新鲜的水亦足够。

——《我曾走过许多路途》
[西]安东尼奥·马查多著，jir 译

● 未来的岁月很可能和大家的理想相去甚远，但即使如此，个人还是可以享受快乐的时光。"及时行乐"可能给人负面的印象，但是长远的目标和当下的快乐并不矛盾。享乐也不需要奢华，新鲜的水亦足够。

#09

I have been one acquainted with the night.
　　　　I have walked out in rain—and back in rain.
　　　I have outwalked the furthest city light.

我已经熟识那黑夜。
　　　　我曾经在夜雨中行走
　　　　　　　　——在夜雨中回家。
　　　我曾经走到城市最远的灯光之外。

——《我熟识那黑夜》
　［美］罗伯特·弗罗斯特著，光诸译

● 很多人只想要物质上的成功，但是我和朋友们都需要另外一层精神上的成功。这种成功是有了一个完整自足的精神世界，就像有一个机甲可以随时穿着走路——可以去战斗，也可以去买菜。穿上它，顾影自怜也好，顾盼自雄也好，那种满足感是什么都不能取代的。这种满足感只存在于自己心中，往往在独处时最为强烈——我曾经走到城市最远的灯光之外。

#10

I'm ready to react,
    to bleed.
As any alchemist can see,
    to fill a throat with raw steel is no match for love.
    Don't clap for these inhuman acts.

我准备好了做出反应，
    准备好了**流血**。
正如任何**炼金术士**都知道的，
    在喉咙里灌满**生铁**无法和**爱情**相提并论。
    不要为那些反人类的表演鼓掌。

——《吞剑者的情人节》
[美]桑德拉·比斯利著，光诸译

● 因为内卷压力、经济条件，现在谈恋爱不容易。做一个"社会人"的要求，也经常让人拒绝心动。但是，无论外部条件如何，无论生活多么不易，该恋爱时还是要恋爱，而且要把时间和自己交给那个真正让你心动的人——不要为那些反人类的表演鼓掌。

#11

That night after eating, singing, and dancing
　　　　We lay together under the stars.
　　We know ourselves to be part of mystery.
　　　　　It is unspeakable.
　　　　　　　　It is everlasting.

那一夜在吃喝和歌舞之后
　　　　我们一起躺在星光下。
　　我们知道我们自己是那神秘的一部分。
　　　　它是不可言说的，
　　　　　　它是永恒的。

——《守护者》
　　［美］乔伊·哈乔著，光诸译

● 持久的"真爱"存在吗？我自己遇见了，但是我这么说很多人也不信，因为他们不可能进入我的内心。持久的真爱是只有遇上了才会相信的东西。无论在什么时代，它都会给人带来幸福，它是不可言说的，也是永恒的。

郭小寒：
未来的回响

郭小寒

乐评人、作家。代表著作《沙沙生长》《有核》等，也经常在播客《大内密谈》中分享独立音乐。

音乐是人类目前创造的为数不多可以保存记忆、超越时间的精神产品之一。自从留声设备被发明出来，音乐就一代代传递下来，变成了永恒的存在。当你播放一张唱片时，就像从沙子里挖出一枚记录了时间的贝壳。

那些记录在贝壳上的词句，连带着过去的气味、影像，都被精确地播放了出来。在某一时刻，这些词句给我们勇气、力量或者某种灵性的提示，让我们确定自己与世界的关系。

也许，星球与星球之间，人与人之间，都可以形成磁场，播放来自未来的回响。

作者 / 郭小寒　编辑 / 周依

#01 一颗心面对宇宙

《海鸥舞曲》
bokai 作词

脚踏满天星斗

要来的自由

不是我所追求

盘旋在滇缅大道

俯瞰万千宇宙

追逐着下一座高峰

跳入英雄河流

海鸥每年冬天都会从西伯利亚高寒地区，不远万里飞到昆明滇池，在海埂大坝上停留。对于海鸥来说，这是几千公里之外的另一个驻足之地。然而，海鸥们并不留恋这里，从滇缅大道冲上宇宙才是它们的梦想。

独自上路的孤独与辽阔，是属于每一个勇敢者的护身符。来自云南的本能实业乐队是生活的观察者和浪漫的表达者，他们以海鸥的意象，展开了对自由的想象和描述，乐队自身也以独特的音乐特质走出西南一隅，被全国的乐迷接受和喜欢。不妨以这只海鸥作为我们这次勇气之旅的起点，让海鸥带我们去更遥远的地方。

#02 你是否得到了期待的人生

《猎户星座》
朴树 作词

梦里的海潮声

他们又如何从指缝中滑过

像吹在旷野里的风

对于北半球的人来说，猎户星座只有在冬天才能看到，像是一种清冽的小小希望挂在夜空。那些遥远的星辰，互相眨着眼睛，很近也很远。点点星光是不可预知的，它们在人类世界之外的宇宙中无目的漫游。这也许就像我们期待的人生，并不是按计划而来，也不能迅速实现。朴树的这首《猎户星座》有着微凉又舒缓的治愈感，它并不煽情，却温柔地拂动在身边，低声对你说："但别忘了，在冬天，抬头看看天上，一定有猎户星座。"

I saw and knew the inconstant shifting of fortune
我见识过命运的无常变迁
And now I write to you
如今我写信给你
Words that have not been written
那些未曾被写下的词句
Words from the New World.
来自新世界的话语

\# 03

《新大陆》(Amerigo)
帕蒂·史密斯 作词

新的大陆，出现在人生的转折之处。"Amerigo"就是美洲大陆的意思，歌里写信的人是发现美洲大陆的意大利人，告别了原来的自我，他才能去发现美洲的新大陆。

新的词语诞生于新的世界，帕蒂·史密斯永远是灯塔般的存在。在她反复的吟唱之中，我们也重新获得了一种力量，在一条未知的道路上前行。

就这样并排躺在一望无际
星河的中央
直到再没有人能够
比我们更为接近对方

\# 04

《没有人能够比我们更接近对方》
欧珈源 作词

在日常生活的齿轮碾压下，我们渴望到达一种境地——在那里，一切都是安定的，美好的东西不会再消失，爱的人始终在身旁。

这样的地方真的存在吗？我们按照自己的意愿一遍遍幻想、遥望，也许反而忘了，这个心安的地方，就在我们最近的隐秘之中，在你和我之间的磁场与缝隙里。

在声音玩具绵长的音乐包裹覆盖之下，我们会重新审视世界和自我的关系。终于有一天，离开再也不是一个选项，我们就近去寻找，最为接近彼此的地方。

#05

《灯塔》
刘鹏 作词

亲爱的妈妈、爸爸
谢谢你们让我出走
亲爱的爱人、朋友
谢谢我们的相遇
我们在一起
这个世界的风雨
都会绕过你，向我一个人倾斜

对家人、爱人的感情，是港湾也是羁绊，适时地放手离开，是一种成熟的爱。在成熟的爱里，不害怕失去什么，能给出多少就给出多少，能承受多少就承受多少。

在法兹乐队深情真挚的念白里，这些爱流动了起来。在更远处，这些爱变成灯塔，指引着我们，再也不会迷航。

#06

《张三的歌》
张子石 作词

我们要飞到那遥远地方看一看
这世界并非那么凄凉
我们要飞到那遥远地方望一望
这世界还是一片的光亮

经历练习、体验和表达，无休止的流浪，或者一次意外的邂逅，一次牺牲……这些都没什么可畏惧的。

将每次前往未知的旅行，都当作一次宇宙任务好了。在世界中流浪，我们获得的体验，也会丰富整个世界的体验。这是一个不断加载信息的过程，世界体验到越来越多的东西，也因此格局变大了。

在最低潮难过的时候，我总会听一听《张三的歌》。这首歌流传了半个世纪，有着诸多版本。前方那一片光亮的日子，总会以一种方式到来，给人最好的安慰。

你看啊，这地广天阔
就让我们暂且告别
相忘于茫茫江海
在某个金色的黎明
当你不经意想起我
我将穿越时空找到你

07

《金色黎明》
边远 作词

人类文明最不能放弃的软肋，是记忆。Joyside乐队的主唱边远，一直像一个孤独的宇宙飞行员，内心却有无限温柔的一面。在他的个人专辑中，这种温柔被带着颗粒感放大。《金色黎明》像是透纳笔下的油画，一艘帆船迎接暴风雨过后天边的那一丝金韵。远行总是要寻找问题、探索答案，然而，告别是为了再次探索。也许我们目前还不知道航行的奥义是什么，但这不重要，即便是偏航或者流浪，也是一种体验。无论茫茫旅程有多少未知，记忆会让我们再次相逢。

这首歌，也是一把打开新世界大门的钥匙。

繁星亮起
宇宙苏醒
黑暗温柔
改变过我

08

《黑暗之光》
雷光夏 作词

在我们漫长的旅途中，很多事情已经不重要了。

午夜遥看星河，你有没有想过，那些星辰的灰烬，宇宙中的尘埃，还带着古早、粗糙、破灭的故事和某种隐匿的基因，在宇宙中穿行，看似隐匿，却从未被遗忘。

有一天，我们也会暂时沉睡在宇宙的某处，经历亿万光年的旅程，去发现那些灰烬与尘埃，认领它们，成为新的它们。希望到时候再次苏醒的我们，彼此看上去都尽量是光明的，都尽量是完好的。

09

《归家吧》(*Going Home*)
莱昂纳德·科恩 作词

Going home , Without my sorrow
归家吧,不再携忧伤
Going home, Sometime tomorrow
归家吧,明日将至
Going home, To where it's better than before
归家吧,往昔不如今

2016年初冬,浪漫温暖的莱昂纳德·科恩去世了。临近生命的终点之时,他以和自己交谈的方式,举重若轻地回顾自己漫长的一生中那些重要的时刻,自我梳理、自我消化、自我命名,整理行装上路。

这份沉静释然的总结告诉我们,人不只有一次生命,人会活很多次,周而复始。在时间的默比乌斯带里,回家是一个新的开始。

#01 《海鸥舞曲》 bokai

#02 《猎户星座》 朴树

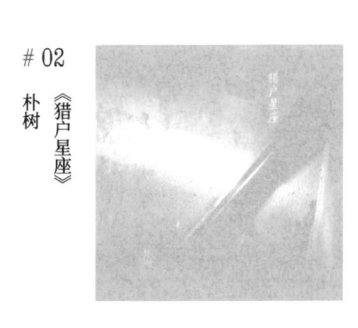

#03 《新大陆》(*Amerigo*) 帕蒂·史密斯

#04 《灯塔》 刘鹏

#05 《没有人能够比我们更接近对方》 欧珈源

#06 《张三的歌》 张子石

#07 《金色黎明》 边远

#08 《黑暗之光》 雷光夏

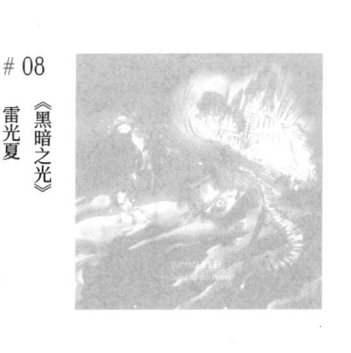

#09 《归家吧》(*Going Home*) 莱昂纳德·科恩

123

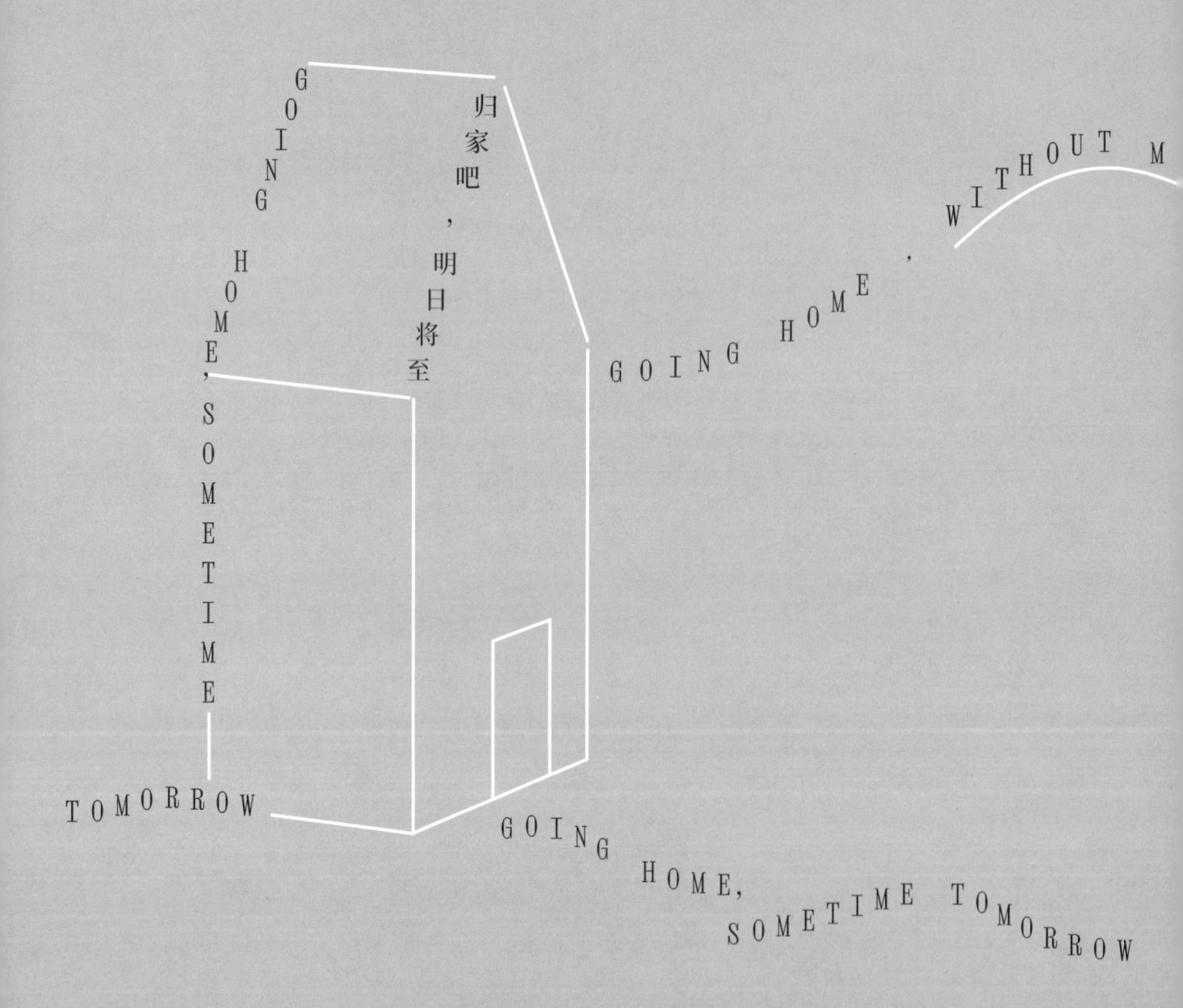

GOING HOME, SOMETIME TOMORROW

归家吧，明日将至

GOING HOME, WITHOUT M

GOING HOME, SOMETIME TOMORROW

GOIN

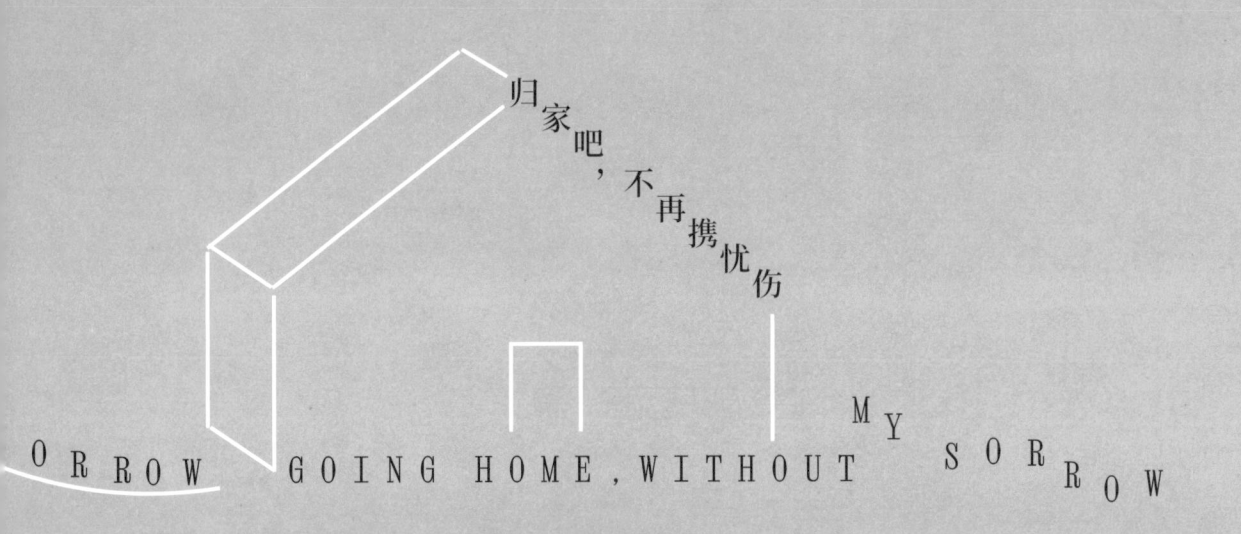

归家吧，不再携忧伤

GOING HOME, WITHOUT MY SORROW

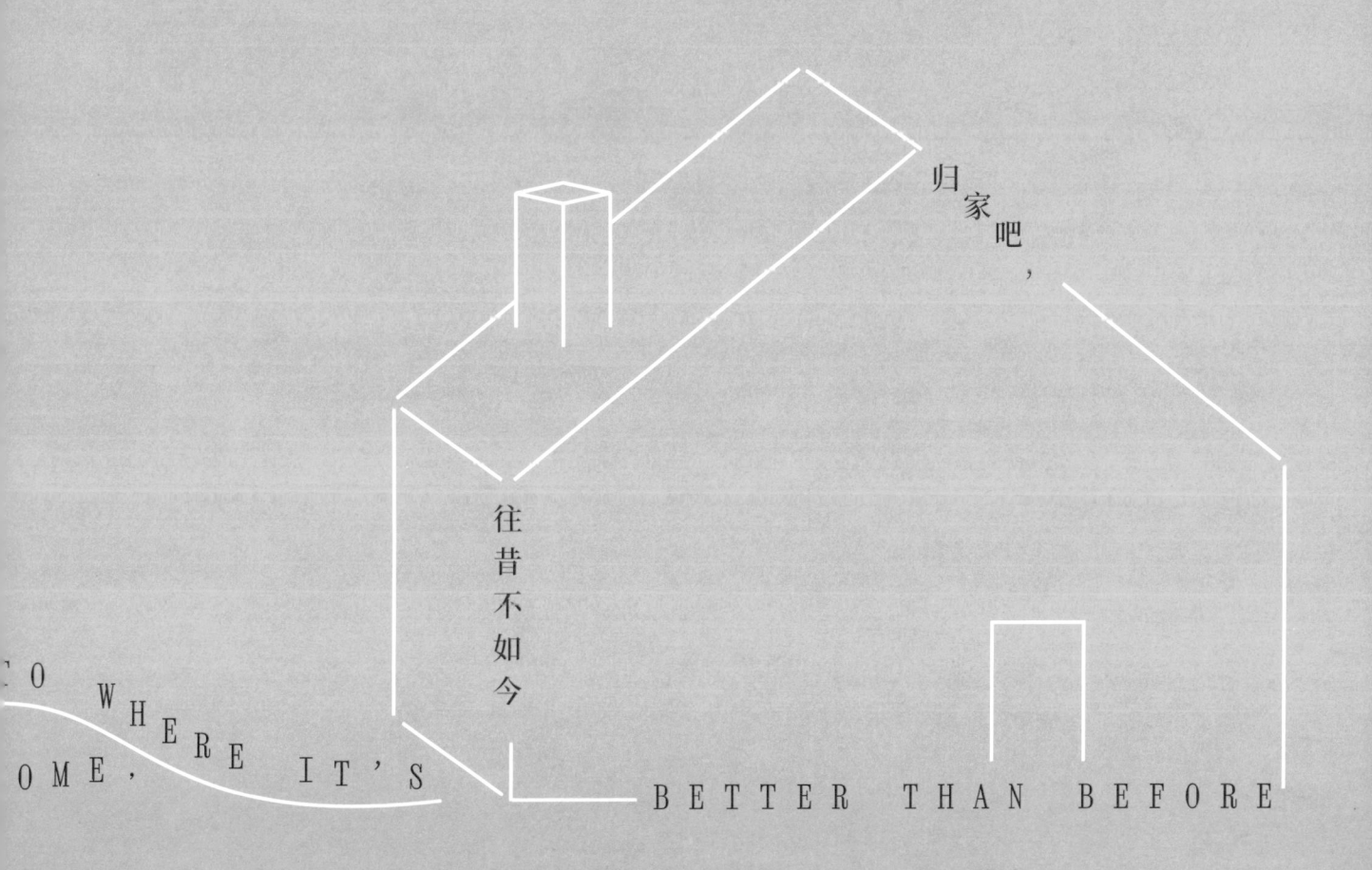

归家吧，往昔不如今

GOING HOME, WHERE IT'S BETTER THAN BEFORE

那些
给我力量的
歌词

拾壹
来自台北的音乐杂食兽
播客《Vibration 歪波音室》主播

01

《生命有一种绝对》
五月天 阿信 作词

千禧年初，在经历了前三张专辑的成功后，五月天的成员们开始面临人生转变。面对未来的不确定性，阿信开始思考，过去他经历的到底是什么？这些经历成了人生中的哪些注解？而未来又会是什么样的？在思考中，阿信写下了这首听似温柔，却充满了力量的歌。在副歌部分，他用逐渐坚定起来的嗓音，唱出了这句用来回应自身疑惑的"真相"。

我想人的生命旅途中总会遇到困难和挫折，经历过种种后，最后留下的是什么？是对自己梦想的承诺——这就是阿信所认为的生命中的"绝对"。如同歌中下一句歌词唱的那样，我们都可以勇敢地对自己说：等待我，请等待我，直到约定融化成笑颜。

黑暗中期待光线
生命有一种绝对

妈妈说
人生起起落落
要学习有一点
幽默

尽情追梦吧，
如能够永生那般
尽兴活着吧，
如末日将至

Dream as if you will live forever
And live as if you'll die today

但我不会停止
追随内心求索的声音
尽我所能，
直到生命的极限

But nothing will keep me from searching
Till the edge of the observables' limit

#02
《马戏团》
陶喆 作词

这首歌是我当年真正爱上陶喆的原因，不仅因为它精彩的编曲和现今罕见的风格呈现，更因为它讲述的故事曾带给我力量。歌词描述了父母带小孩去看马戏团表演时，孩子所听到的父母的话，五光十色的马戏世界在大人眼里却充满了生活哲理。

听这首歌的时候，我正经历着一段难过的时光，但当我听到这句歌词的时候，突然就知道该怎么做了——虽然人生如同走钢丝般艰难，但别忘了还有安全网。我们可以用幽默的心去看待各种酸甜苦辣，并且坚信：今天的失落，会成为明日生活的勇气。在戏谑幽默的音乐中，我重新获得了欢乐的力量。

#03
《C.h.a.o.s.m.y.t.h.》
Taka 作词

ONE OK ROCK乐队从成立到爆红，经历了艰难的过程。对于乐队主唱Taka来说，一直支撑他的除了成员们自身的努力，还有来自朋友们的鼓励。这首歌是Taka写给朋友们的歌，歌名中的每一个字母都代表了他的一位朋友。当我听到Taka在开阔的音乐之流中，用充满力量感的嗓音高声唱出这句话的时候，我仿佛能看见他和朋友们并肩站在一起，互相鼓励，然后向前奔跑的画面。这也让我想起曾一起追寻梦想的朋友们，许多人也曾支撑过我。带着那份真挚的情感，我似乎也可以继续坚定地生活下去。

#04
《香格里拉在呼唤》
(Shangri-La Is Calling)
裘咏靖 作词

你有没有亲手创建了属于自己的世界，却被动或主动地摧毁它的经历，并且，这样的经历还反复地发生？能让我们心甘情愿反复经历的原因，就是我们对于香格里拉——一个世外桃源般理想之地的追寻。这首歌有着英伦摇滚标志性的编曲，并放大了沧桑和宏大之感，让人在听得心潮澎湃的同时，重新认识到自己对理想、自由、真实的追求和向往。

有时候在生活中，我们像是憋着一股劲儿，内心总是感到纷乱不堪。但当我听到这句歌词，我意识到，这股劲儿就是"香格里拉"的呼唤——继续追随内心求索的声音，去竭尽所能，让生命恣肆。

很长一段时间，我认为自己的生活是幸福快乐的，但总感到内心缺少了什么。那时我听到了美国盲人音乐家史蒂夫·旺德的这首歌，歌词就像一把刀劈开了我，让我意识到外在的自己在说谎。这种关于自我审视的表达，具有强大的力量。

在生活中，我们常常为了迎合社会标准或他人的期望，而隐藏自己内心真实的感受。但这首歌总能提醒我要直面内心，只有对自己坦诚，才能打破虚假的表象，开启自我认知和成长的道路，勇敢地去追求真实的幸福。

#05
《感受那团火》
（To Feel The Fire）
史蒂夫·旺德 作词

当我凝视内心，
对自己吐露心声
我的灵魂清晰响亮地
发出诚实的哭喊

'Cause when I look inside my heart and I tell the truth to me
Loud and clear, my soul cries out with total honesty

迟斌

播客《A座B座》主播
知名音乐行业经理人
音乐纪录片制片人

人到中年，不再矫情，
不再谈论梦想、未来这些宏大的主题。
但这句歌词让我意识到，
与其在心中盘算利益得失，不如先行动起来。
出发！

#06
《出发》
窦唯 作词

乌云满天 透出霞光
我还有希望
青山遥远 依稀看到
我还有梦想

07

《乖张的女儿》
（Savage Daughter）
凯伦·卡亨 作词

这首歌有一种奇怪的张力，歌词里描述的"野小孩"无视着成人社会的各种眼光，用幼稚直白的行为诉说着叛逆，也正是这种朴素的叛逆，提醒着成年人重拾勇气——不在乎别人看法的那种勇气。

我是母亲那乖张的女儿
I am my mother's savage daughter

我绝不会剪短长发
I will not cut my hair

我绝不会停止高歌
I will not lower my voice

陈北及

音乐博主
歌单达人
音乐现场爱好者

08

《种树》
钟永丰 作词

这首歌的歌词风格独特，意象由土地萌生，经植物的视角展开叙事，轻盈又深情。它将世间百态隐藏在树的枝叶中，轻轻吹进人的心田，摇晃着步履间深深浅浅的回忆。

其实人跟树很相似，越是向往高处的阳光，越需要向下深深扎根、无限延伸脉络，留下属于自己的印记。在种树的过程中需要付出辛勤的汗水，当树长成后却能够滋养我们的心灵。人生之路亦是如此，成长就是在心中种下一棵棵充满希望与梦想的树。

种给虫儿逃命
种给鸟儿歇夜
种给太阳长影子跳舞
种给河流乘凉
种给雨水歇脚
种给南风吹来唱山歌

人生就是一场变幻莫测的旅行，这段旅程虽然注定孤独，但也是每个人都要经历的。而如果想成为人生的领路人，首先要成为追随者。我们要常怀谦逊，勇于接受失败和建议，接受生命的流动。

这首歌的歌词充满哲思，"涟漪"代表着个人对周遭世界的微妙影响。舒缓的乡村摇滚旋律，配合主唱游吟诗人般的演唱，让我每次听到都会忍不住泛泪。这首歌是人生的赞美诗。

09

《涟漪》（*Ripple*）
罗伯特·亨特 作词

If you should stand then who's to guide you?
如你再度站起，谁将为你指引方向？

If I knew the way I would take you home.
我若识途，将带你踏上归乡之路

《远行》唱的是人生里那些不得不发生的告别，带着不舍，也带着些许期待。听这首歌总会让我想起那些独自上路的时候，心里酸酸的，却还是必须往前走。这首歌像老朋友一样，陪我走过那些无法掌控的时刻，让我慢慢学会面对人生的起落。李宗盛用温暖又坚定的声音提醒着我，离别虽然难免，但也意味着一个新的开始。

10

《远行》
李宗盛 作词

虽然不知何时回来
我只盼望你会明白

作为碎南瓜乐队的主唱，脾气暴躁的比利·科根也有柔软的一面。这首凄美的歌，就是他对母亲的深情致敬。亲人离去后，要慢慢接受自己的悲伤与思念，死亡只是一扇门，它并不意味着终结，而是一种超越。明天还会到来，那些与所爱的人之间美好的回忆，也将化为我们继续活下去的力量。

11

《献给玛莎》
（*For Martha*）
比利·科根 作词

If you have to go I will get by.
若你必须离去，我将继续前行

Someday I'll follow you and see you on the other side.
终有一天，我会追随你重逢于彼岸

130

#01 《生命有一种绝对》
五月天 阿信

#02 《马戏团》
陶喆

#03 《C.h.a.o.s.m.y.t.h.》
Taka

#04 《香格里拉在呼唤》
(Shangri La Is Calling)
裘咏靖

#05 《感受那团火》
(To Feel The Fire)
史蒂夫·旺德

#06 《出发》
窦唯

#07 《乖张的女儿》
(Savage Daughter)
凯伦·卡亨

#08 《种树》
钟永丰

#09 《涟漪》
(Ripple)
罗伯特·亨特

#10 《远行》
李宗盛

#11 《献给玛莎》
(For Martha)
比利·科根

131

如
你
再
度
站
起
，

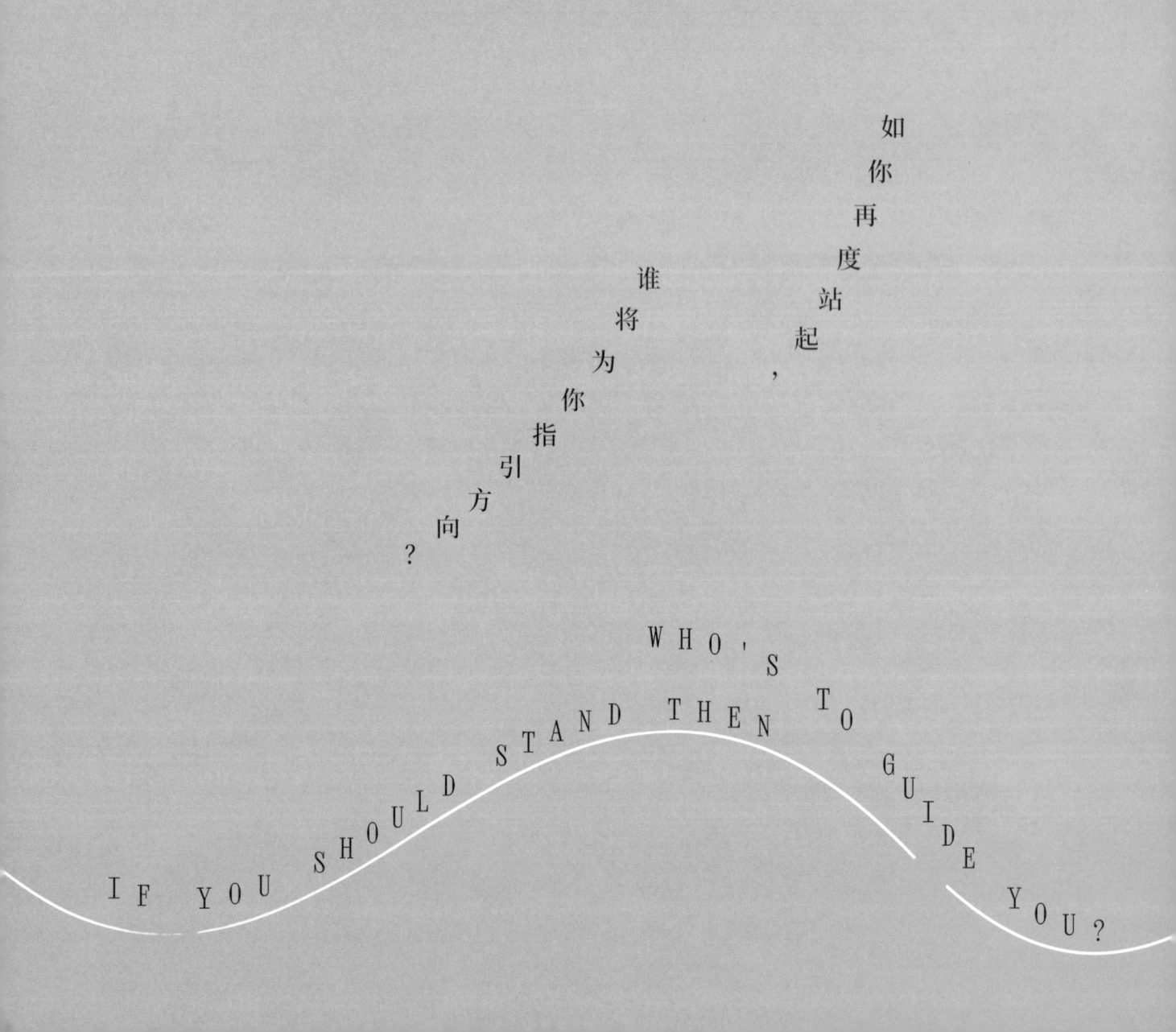

谁
将
为
你
指
引
方
向
？

WHO'S TO GUIDE YOU?
IF YOU SHOULD STAND THEN

我若识途，将带你踏上归乡之路

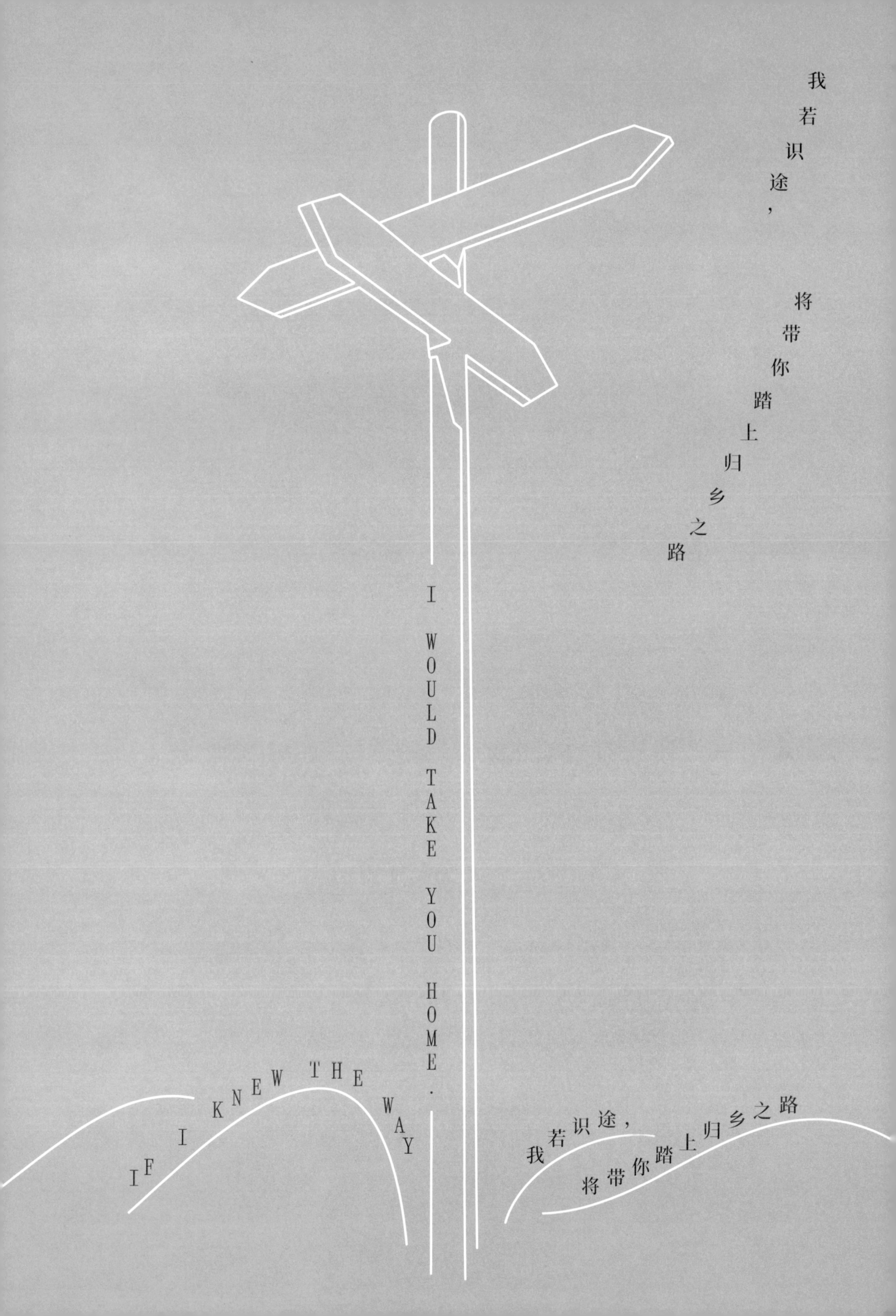

I WOULD TAKE YOU HOME.

IF I KNEW THE WAY

我若识途，将带你踏上归乡之路

进入我生活的台词

在电影、戏剧、电视剧等视听艺术门类中，台词不仅承担了叙事功能，也是表达作品内核与人物情感的重要途径。

当我们沉浸在某个虚构的故事世界中时，看似平凡的一句话，也有可能在一瞬间深深地触动我们。这股语言的力量甚至会蔓延到现实，启示我们如何面对生活的起伏，如何去爱、去坚持、去选择、去回望自身。

切片计划
影视自媒体人
影评人

01

一直到今天，我还常常想起祖母那条回大陆的路，也许只有我陪祖母走过那条路，还有那个下午，我们采了很多芭乐回来。

《童年往事》
朱天文 / 侯孝贤 编剧
1985

一句平常的话，却让我想起童年里那些平凡而治愈的瞬间。或许是同讲闽南语的缘故，我看这部电影时好像回到童年的某个下午，阳光洒在乡间小径上，和阿嬷一同捡起掉了一地的芭乐。2017 年，我曾在台湾游学半年，更深刻地感受到两岸在精神上的共通与相连，直到现在，我仍会做回到台湾的梦，像一种很悠远的乡愁，就像影片里的那个午后。

02

《双峰：与火同行》
大卫·林奇 编剧
1992

I'll see you again in 25 years.

25 年后见。

这部影片或许是电影史上最接近于"梦"的一次创作，当主人公在结尾说出这句台词时，观众都以为这又是一句无意识的呓语，直到导演在 25 年之后将《双峰》第三季捧到我们眼前。在导演构想出的超现实世界里，这句台词如同一个戛然而止的预言，让人不禁对 25 年后的重逢充满想象。生活中的每一个瞬间也都可能蕴含着超越现实的深刻意义。如此迷人、神秘，它拒绝被语言概括，也无意指引你到明确的目的地，世界的不可知，本身就令人着迷。

03

《坠落的审判》
茹斯汀·特里耶 编剧
2023

你以为你会获得某些奖励，
但最终，
你只是回到原地。

这句话挑战了传统意义上的"胜利"概念。影片中对于女主角的审判，是对她作为母亲、妻子和女性身份的一次全方位审判，从一开始她便被假定了"犯罪嫌疑人"的身份，她必须不断自证，才能最终赢得一场惨淡的胜利。整部电影的文本，像是一次对女性生存困境的准确概括。但，真的是回到原地吗？影片结尾，她独自躺在床上，这或许并非一次胜利的战役，但她已然是一个生活的斗士，未来的一切都无法再将她击溃。

04

《瞬息全宇宙》
关家永 / 丹尼尔·施纳特 编剧
2022

你担心自己可能已经错过
大有可为的机会，但我要告诉你，
你的每一次拒绝，每一次失望，
都把你带到了这一刻。

在东亚家庭中，很多人都经历过和影片女主角伊芙琳相似的困境：总是觉得此刻的自己是世界上最糟糕的版本，总是想象有一个更好的自己存在。所谓的"多重宇宙"，实际上是她幻想出来的无数个更好的自己。那么多部关于"多重宇宙"的电影都在逃避现实，但这部影片提醒我们，此刻所处的现实，是我们所能拥有和把握的唯一一个宇宙。

沙丹（奇爱博士）
中国电影资料馆电影策展人
电影史研究者
影评人

萍水相逢的凡人之间，
也可以有真挚深沉的羁绊，
这羁绊，
是我们活下去的全部理由啊。

05
《小偷家族》
是枝裕和 编剧
2018

这部影片的情节时而温暖，时而残酷。没有亲缘关系的一群普通人组成家庭，老老少少，各有各的辛酸与无奈。但他们并非"乌合之众"，而是人生羁旅中真正的同路人，生活看似抛弃了他们，又眷顾着他们，因为他们能够结伴而行。命运给个体苦难，而个体又被人与人之间的关系温暖着，请始终珍惜那些陪伴着你的人吧。

每个人都只能陪你走一段路，
迟早要分开的，
感谢你的到来，
也不遗憾你的离开。

06
《山河故人》
贾樟柯 编剧
2015

人与人之间的关系往往是阶段性的。人生旅途中，我们会遇到许多人，但没有人能陪我们走完全程。相聚时尽欢颜，离别时莫洒泪，那是对命运真相的通透，也是独一份的洒脱。

07

《爱乐之城》
达米恩·查泽雷 编剧
2016

我让生活一直打击我，直到它打不动。然后我会反击。这就是典型的以逸待劳。

这句台词里包含着某种否极泰来的意思。在遭遇连续打击的人生低谷，不必恐惧，因为此刻可能是局势逆转的前夕。冷静的人总能在风暴中保持耐心，待时机到来时，以蓄势待发的力量进行反击。

疲惫娇娃 CyberPink

从银幕聊到宇宙深处的泛文化播客节目，用女性的声波延展对世界的参与和想象。

08

《过往人生》
席琳·宋 编剧
2023

你不得不离开，因为这就是你。我喜欢你，也正是因为这就是你。

这是影片男主角对女主角"决定出走"时的一句肯定，这句话里没有"你怎么能丢下我一个人走"的情感绑架，而是对她人生选择的笃定。女性实现人生自我的最重要一步，往往是那个决定出走的时刻——与原生家庭、与生养我们的社会环境拉开足够大的物理距离，然后开始塑造全新的自己。这份认知通过影片男主角的视角传达出来，让整个顿悟变得异常温柔。在流动的生命里，这不仅是一场关于爱情的朝圣，更是一场两个成年人之间真诚独立的生命对话。

人们只有在真正理解它的时候才会恐惧它。而只有在使用过它之后，他们才能真正理解。

09

《奥本海默》
克里斯托弗·诺兰 编剧
2023

奥本海默和他的团队在制造原子弹时，抱持着一种纯粹的科学探索精神，甚至还有一种天真的浪漫。直至亲眼看到蘑菇云升起，他们才意识到自己创造了什么。人类似乎总是在重复同样的故事，先有技术突破，后有道德反思。技术本身是中立的，它的力量和影响取决于我们如何理解它，而后我们才能找到应对的方式，以一种更为成熟和负责任的态度去驾驭它。

潘羽昕

电视剧编剧
作品有《请和这样的我恋爱吧》《谁说我结不了婚》等

罐头是在1810年发明出来的，可开罐器却是在1858年才发明出来，很奇怪吧？有时就是这样，重要的东西偶尔会迟来一步，无论爱情还是生活。

10

《最完美的离婚》
坂元裕二 编剧
2013

我们在生活中总会面临各种问题：人与人之间的沟通障碍、亲密关系中的困境、个体的矛盾等。人困于其中无法自解。但生活会悄悄地为我们提供答案，就像开罐器与罐头一样，可以等一等，可以休息一下，答案也许就会随之而来。

11

《Live》
卢熙京 编剧
2018

我喜欢你有棱有角的样子。你是对的，不要畏惧，以后也继续这样吧。这样才能给世界带来一点点改变。

这是近年来韩国描述警察职业最为出色的作品之一。无论我们从事哪种职业，都会面临做出立场选择的时刻——可以选择争取正义和展现同理心，也可以选择自保和视而不见。在面对这些选择时，不妨停下来思考一下，自己的初衷和价值观究竟是什么。勇敢做自己并不容易，坚持不辜负初心，才可能对这个世界产生一点影响。

12

《火花》
加藤正人 等 编剧
2016

我啊，是为了表演足以推翻世界常识的漫才，而走上这条路的。我唯一推翻的，只有"努力一定会有回报"这句美好的话语。

电视剧改编自又吉直树的同名小说，讲述的是主人公从事漫才这一喜剧职业背后的艰苦修行。不同于那些"爽文"类型的故事，剧中深入探讨的是那些未曾"成功"的人。我们习惯相信付出总有回报，然而，生活并非总是那么简单，努力未必能直接换来成功，甚至有时，成功的定义本身也可能需要被重新审视。每当感到未来毫无方向时，我总会想起这部剧，既然生活不总是能按照预期的轨迹前行，那么在这些不确定性和挑战面前，我们就多关注可以获得的成长和自由吧。

13

《摩登情爱》第一季
约翰·卡尼 等 编剧
2019

每当有坏事发生时，你应该试着重新校准宇宙，做出与之相反的选择。

这是一种"用善意对抗坏事"的哲学。当生活不顺时，不妨用一种相反的方式去应对：如果有人超你的车，你就对下一个想冲出车流的人格外客气；如果有人偷了你的钱包，你就给救济箱捐款。你刚刚被放了鸽子，觉得很糟糕，对吗？那如果现在生活再赐予你一个约会呢？试试用善意和反向思考去修正自己的心态，生活的坏事也许就是下一件"好事"。

139

高崇天

戏剧导演
编剧
作品有《薇薇安·迈尔：请告诉我你的秘密》《虚掩的门》等

在你出事那天，我已经跟你一起死了。可是为什么我还活到今天？是因为你说过一句话：人生要开心，尽量开心，即使只剩下一个人，也要开心。

#14
《宝岛一村》
赖声川/王伟忠 编剧
2008

"面对逝去"是人生的一项课题。没有人能描述徘徊在生命终点的感觉，因为一个人真正地离开，不是停止呼吸和感受，而是在世界的记忆中被抹去，那一刻或许才是"他"郑重且孤独地与生命告别。所以，面对未来会发生的一切不必悲伤，只要依旧怀念，"他"便不曾离开。

听着，按照全世界看你的方式看待你自己，也许很勇敢，但也很愚蠢，只有你自己知道你的感受。

#15
《蔚蓝深海》
泰伦斯·拉提根 编剧
1952

拒绝他人的目光，是掌握命运的起始。人很难摆脱来自他者的凝视，密密麻麻的话语与关注凝结成一张密不透风的网，拼凑出的定义回应着"他人即地狱"的真相。撕碎这张禁锢灵魂的网，从此，我们对自我的定义不再来自他者，出自本心的对世界的感知为我们打开一扇新的窗，窗外春色如许、生意盎然。

#16
《樱桃园》
安东·契诃夫 编剧
1903

咱们另外再去种一座新的花园，种得比这一座还美丽，你会看得见它的，你会感觉到它有多么美的，而一种平静、深沉的喜悦，也会降临在你的心灵上的，就像夕阳斜照着黄昏一样，到了那个时候，你会微笑的。

承载着儿时记忆的樱桃园要被拍卖了，对房屋主人来说，一切物件连同旧日不堪的生活被覆上一层记忆的沙土，这种告别也象征着一种新的开始。从此，明天不再是华而不实的幻梦。新的花园象征着希望、成长，以及对更美好生活的期待。这提醒我们：无论面对多么深重的失落，未来依然有重建的可能，请不要回望，继续向前。人生纸牌翻转之时，记起契诃夫的这句忠告，一定会微笑的。

#17
《我是风》
约恩·福瑟 编剧
2007

是啊　是啊
而我们就这样飘浮着
轻盈又美好、如此轻盈
就好像
我们的身体里有风
我们是如此轻盈
我们就像风一样轻盈

不知道有多久没有好好地拥抱自己，听听自己说话，把灵魂与身体分离开来，自述生活的不公、生命的无常、被压制的理想与渴望。但请别忘记：我的身体里，住着一阵风，它驱使着我从悲伤的黑夜中醒来，轻盈地迈进黎明，它吹不散迷雾，却撩动着我的皮肤、毛发，让我清醒、真实地呼吸在独属于我的海域，头顶是太阳，脚下是浪花。

18

《酗酒者莫非》
克里斯蒂安·陆帕 编剧
2017

爱情，一定会有爱情，我想，它不在这儿，也许会在其他的什么地方。反正，它一定会有的，它也许就是一种寻找，它也许就是寻找本身。

史铁生的文学作品《关于一部以电影为舞台背景的戏剧之设想》被导演陆帕搬演于剧场空间，舞台上的男主角在酒精的催化下不再被时间主导，窥看过去、对话万物，以此寻找生命的意义。我们曾对生活充满期望，但生活是本谜语书，解谜之路便成为寻找人生意义的全过程。濒临崩溃时请别忘记来时的路，也莫执着于找到唯一的终点。

19

《我们的小镇》
桑顿·怀尔德 编剧
1938

我从来都没有意识到，所有的这一切仍然在继续，可是我们从来都没有注意，这平平常常的生活有多么重要，有多么美！当人们活着的时候，他们是否意识到生活的意义？每一分钟，每一分钟生活的意义。

离世的女主角的灵魂重新回到她生活过的小镇，她忽然意识到了什么是幸福——洒入窗内的日光、偶然飘来的花香、转过街角的邂逅和那些并不能被定义为伟大时刻的瞬间，构成了所谓的日常，证明了她"曾经来过"。人生是没有剧本的戏剧，我们是时刻在表演的演员，如果每一分钟的表演都被看到，那么人生将处处是高光。

是啊是啊

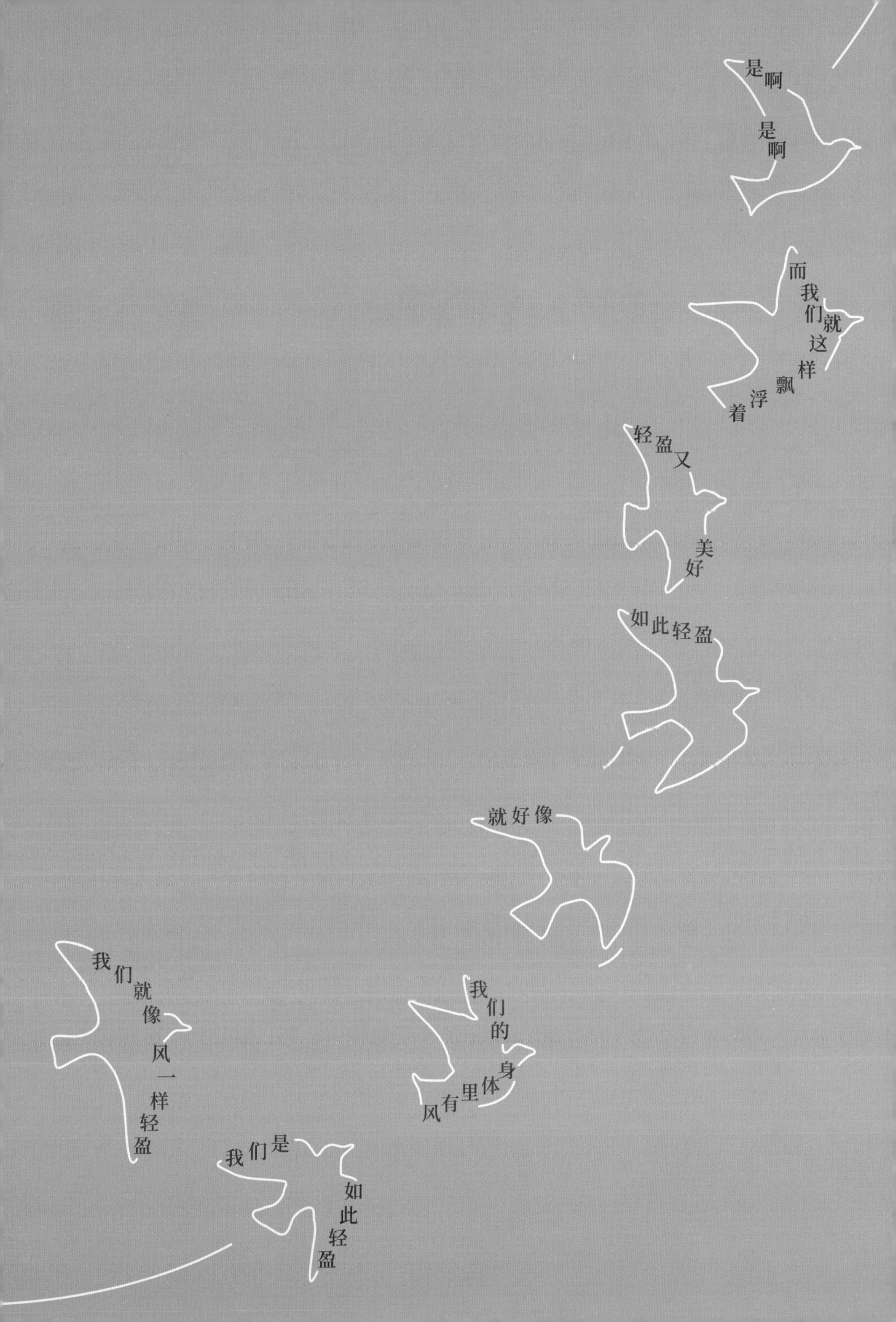

而我们就这样飘浮着

轻盈又美好

如此轻盈

就好像

我们的身体里有风

我们就像风一样轻盈

我们是如此轻盈

书店人想对明天说……

如果说书店是城市生活中的"精神灯塔",那书店人就是默默守护着灯塔的人。每天和书籍打交道的他们,会被什么样的文字触动,又想对明天说些什么呢?about编辑部邀请10位书店人给出了自己的回答。

先锋书店

南京 | 浙江 | 安徽 | 广东 | 福建 | 云南

双喜

先锋书店云南区域经理
日常喜欢摄影、电影和阅读,比较喜欢看文学、诗歌以及与人类学、博物学、中世纪历史相关的书。

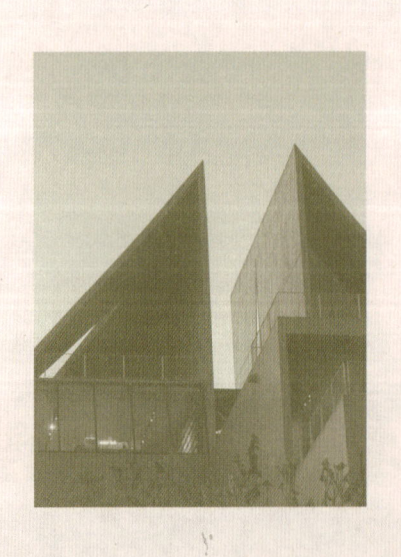

\# 01

《乐趣》
[德] 贝托尔特·布莱希特

接受事物
　新音乐
　　写作,种植
　　　旅行
　　　　唱歌
　　　　　对人友善。

144　　编辑 / 杨慧、周依

02

《慢慢微笑》
[英]德里克·贾曼

愿你有一个好的未来，
无顾虑地去爱，
并且记住我们也曾爱过，
当阴影逼近，
却更见星光。

03

《海浪》
[英]弗吉尼亚·伍尔夫

如根深种，如浪翻涌。

I am rooted, but I flow.

#01

这句话是我对每一个明天的期待，我希望每天都可以发现这个世界上我原本不知道的事情，这让我快乐。

#02

《慢慢微笑》是贾曼在生命最后时刻写下的日记，在第一卷的结尾他写了这句话，很直白地告诉人们要好好地生活、去爱。如果遇到困难不妨换个思路，也许能看见更美的星光。

#03

这句简单的话可以有千万种理解，目前我的理解是，作为女性，也许被某种根深蒂固的思想影响着，但是我更能够像水流一样，自由流动，成为我想成为的样子。

庇护所书店

◎ 昆明

小黎
○ 庇护所书店主理人
喜欢看小说，常买社科类的书。

#04

可能以后再去做类似"开书店"这种看起来没什么意义的事情，都会想想加缪和他笔下的里厄医生。大到人生，小到一件工作，以做一件事最基本的标准来执行，其实就做到了最大的努力。

#05

想对昨天、今天和明天说："没事了。"想要疗伤，先要承认有伤。需要被安慰的时候，来自旁人的建议和指点总是隔靴搔痒，但如果能听到一句"没事了"，害怕和焦躁就能被有效安抚。这句话真的很好，希望大家都能多说。

#04

《鼠疫》 [法] 阿尔贝·加缪

这里面并不存在英雄主义，
与鼠疫斗争的唯一方式
只能是诚实。
我不知道诚实在
一般意义上是什么，
但就我的情况而言，
我知道那是指做好我的本职工作。

#05

《没事了》 [韩] 韩江

应该怎么办
静静地看着哭喊的孩子的脸
对着那极咸且如泡沫的眼泪说道
没事了

不是怎么了
而是没事了
现在没事了

06

《如何放下》
叶青

你是光
但我想送你一颗太阳
让你　累的时候
可以闭上眼睛
任它去亮

07

《你想活出怎样的人生》
[日]吉野源三郎

必须多加珍视内心的感受和深受感动的事，
不断思考它们的意义，
永远不要忘记。

泡泡

○　庇护所书店主理人

喜欢看绘本，觉得线条和色彩能更容易触动内心。喜欢可爱美好治愈的题材，也爱暗黑怪诞魔幻的作品。

#06

这是在结束上一份工作时，短暂共事过的同事送给我的诗。看到的那一刻，眼眶毫不争气地湿润了，在身心深感疲惫的时候收到了久违的温暖。她让我知道原来努力的自己被看到了，原来自己也能安稳地休息。很喜欢这首诗，希望明天的自己可以成为一颗不那么累的"太阳"，保持发光发热。（最后，现在的我俩是好朋友！）

#07

每天在被各种事情推着走的时候，我会发现留给自己的时间很少，除了睡觉能好好休息，其他大部分时候都得像机器一样去运作。时间久了，人会变得麻木，会忘记自己真正想要的是什么，也会忘记思考。希望我们不管是在今天还是在明天，都能一直保持思考的习惯，用心观察和感受世界，并按自己的想法活着。

#08

我从小就很喜欢"活在当下"这句话,小学同学录上的座右铭就写的它。当然,不是因为对未来没有希望,而是觉得只要把现在过好了,未来就一定不会差。所以我很珍惜当下美好的人和事物,即使之前的生活有不如意,也会尽量鼓起勇气去思考、整理、面对。当读到伍尔夫的这句话时,立马想到了自己,也希望"明天的我"继续加油,即使很丧、很脆弱,也能在睡一觉后重拾勇气,坚定且有力量地走下去。

大观书屋

昆明

秦子涵(斑马)

大观书屋老板
一个没有特长、性格却极好、喜欢斑马这种动物的人。

#09

因为这句话,我感到世间的一切都有自己生存的节奏和规律,我开始用一种"苔藓心法"去经营书店,我知道,雨水会回归的。也因为喜欢这本书,有人给我取名"苔藓姑娘"。

148

#08 《思考就是我的抵抗》 [英]弗吉尼亚·伍尔夫

这一年即将过去;
我饱受困扰,心绪消沉。
但我会对一切负起责任:
去擦拭、抛光、取舍,
尽可能让我在这里的生活变得整洁、
光明而充满活力。

#09 《苔藓森林》 [美]罗宾·沃尔·基默尔

它们会全然接受并为
这场隐忍做好万全的准备,
静静等待,
直到雨水的回归。

#10

《东京厨房》
[日] 大平一枝

丰富的孤独是很重要的,但不能变得孤立。

#11

《小地方》
吴琦 主编

"小地方"这个表述,指的就是这样一些地方。是我们的家乡,是消逝的乡村与县城,是故去的所爱之人,是安全感,是每个人得以喘息、放松、被平等对待的机会,是在潮流倾覆之下,我们用尽全力仍想护住的东西。

不一定宇宙

重庆

陈无知

○ 不一定宇宙主理人

一直在玩,以"开书店"的方式去认识世界。喜欢所有关于尝试、创作和自我表达的书和作品。

#10

这个世界好像充斥着不一定,一切都在快速变化。害怕错过信息、害怕失去社会关系、害怕跟不上新的节奏、害怕听不懂新的段子。其实这些都不重要,重要的是自己和那丰富的孤独。

野狗商店 DOOGHOOD BOOKS

成都 | 郑州 | 洛阳

不二飞

○ 独立策展人
○ 杂志主编
○ 创意内容团队"DOOGHOOD"发起人
○ 艺术书店"野狗商店DOOGHOOD BOOKS"联合创始人

#11

我来自小县城,从小地方出发,开了一间小书店。店里的选书、内容、展览,似乎也都很"小",不全面、不综合,甚至连书的种类都只聚焦在自己熟悉的兴趣范围。很长一段时间,一些客人对书店的差评理由都是"太小了、好小啊、巴掌大点儿"。但不管是小地方还是小书店,都是我挚爱的,也在竭尽全力想要保护的东西,是属于自己的安全感来源。我热爱出发的小地方,更挚爱选择的路途和目的地。

野狗商店 DOOGHOOD BOOKS

Still
DEMO
BUENOS
AIRES
Award360°2021
年度設計100作品集
Award360°2021
Award360°2021
Award360°2021

一只耳 Art & BOOKS

◎ 厦门

阿昂

○ 一只耳 Art&Books 创始人
○ 《哟叻 DEALERS》杂志创办人及主编

尚未认清自己,阅读偏好一直在流动。

#12

一想到让昨天的我来跟现在的我说一句深刻重大的话,我会立刻烦死,就用这段关于吃螃蟹的文字来寄语明天。要是明天因此出游,并带上一只大螃蟹,一定会很不错。

脏像素 InkyPixel

◎ 广州

琳琳

○ 脏像素 InkyPixel 主理人

同时还经营着一家设计兼 RISO 印刷工作室。喜欢纸张和油墨,也喜欢分享一些关于艺术家、设计理论、研究型设计和视觉文化的内容。

#13

这句话出自超现实主义奠基人安德烈·布勒东,他认为人们可以通过出版这种方式找到志同道合的朋友。作为钟情于书籍这一物质媒介的人,我深信,无论是否涉足出版界,每个人都应涵养独立探求之志与为所爱之事拼搏之魂。

152

#12

《一生里的某一刻》
张春

春游和秋游时应该吃螃蟹。
想想看,
世间的春游食品都是面包,
充其量是午餐肉,
而你坐在铺满阳光的草地上,
和你的狗一起,
细细地,慢慢地,吃掉一只大螃蟹……

#13

《纸媒突变中》
[意]亚历山德罗·卢多维科

为知音而出版!

One publishes to find comrades!

#14

《平面设计……并非无辜无害》
(Graphic Design Is (...) Not Innocent)
[德] 英戈·奥弗曼斯

Although there is no neutral and correct way of projecting the world, we have to be aware of the fact that each projection tells a different story about the world we live in.

尽管世间万象并无绝对中立与正确的展现方式，我们仍需洞悉：每一种展现都诉说着关于我们所处世界的不同篇章。

博闻
- 脏像素 InkyPixel 主理人
- 视觉设计师

#14

这句话算是我们开书店的初衷。小小的书店，包裹着一个巨大的多元世界，通过对这个世界不同视角的解读，我们能感受多样的思想和文化，尤其是那些在主流市场中被忽视的东西。书店不仅是卖书的地方，更是一个看世界的窗口。

岛读书店

马来西亚·槟城州·乔治市

张丽珠
- 媒体人
- 岛读书店主理人
- 《城视报》主编

热爱阅读地域文学和城市记录，别人的爱乡之情总能启发我的内观。

#15

《金玉满堂》
潘进国

她常常望着那两张照片说：
"真穗。"（福建方言：真美）
一年前，妈妈离开了，
我们依她的吩咐，
买了一套小学校服送给她。

#15

这本图文摄影集是艺术工作者潘进国在华人新村拍摄的，主题深刻感人。他记录了传统木屋居民的生活场景，特别是他们将孩子因在校学习成绩优异而获得的奖杯展示在家中大厅的情形。这些奖杯不仅展示了孩子们的成就，也反映了家庭本身以及上一代人因失学而将希望寄托在子女身上的期望。作者的母亲在去世前和子女表达过想要一套小学制服，这一细节读来令人动容。

153

#16

改变很难，但很多时候人和环境都需要改变，我总记得这句话：勿以善小而不为。做电影的人相信好作品可以给社会、给明天带来一些改变，开书店的人也一样。尽管力量微弱，我们还是怀抱理想，一部电影和一页书，总能在一个人身上，带来无法预知的改变。

#17

黄龙坤是马来西亚年轻诗人，他的诗无惧无畏，言辞大胆，关于身体的书写特别多。这首《即是》利落明朗，没有高深的用字，但诗意映然，非常好读。诗人把身体面对生病和死亡的坦然态度，叙述得潇洒。

#18

范俊奇是马来西亚美文圣手，任何人、风景和事物经他一描一写，似乎都焕发出独特的美感。当然，他不会去刻意美化丑的事物，而是比一般人敏感很多倍，能找到美的视野、远方和希望。这本记录他到处旅行的文集，让人不禁想去他去过的地方，那也是一种希望，一种对明天的期待。

#16 《无本》电影杂志（2024年11月号）

依靠着微弱的光源匍匐前行，
改变需要时间，
我们能做的就是通过文字、
通过电影，
帮忙改变什么，帮忙记录什么。

#17 《即是》黄龙坤

生而为人
身体即是种植伤痛的花圃
顽疾模仿康复
亦即 损毁是一种完美
死亡纯粹只是 纪念的诞生

#18 《一字天涯》范俊奇

在锐舞派对，拍忘情的音乐骑士，
拍在音乐的洪流中乍浮乍沉的人。
或者这么说吧，
我喜欢拍生动的人，
喜欢拍把自己活得好看的人。

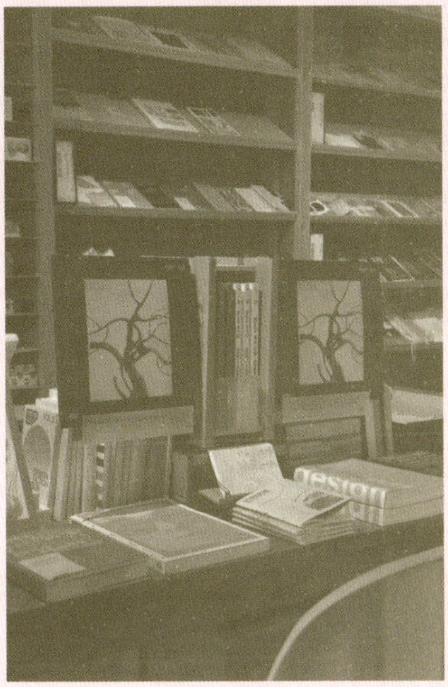

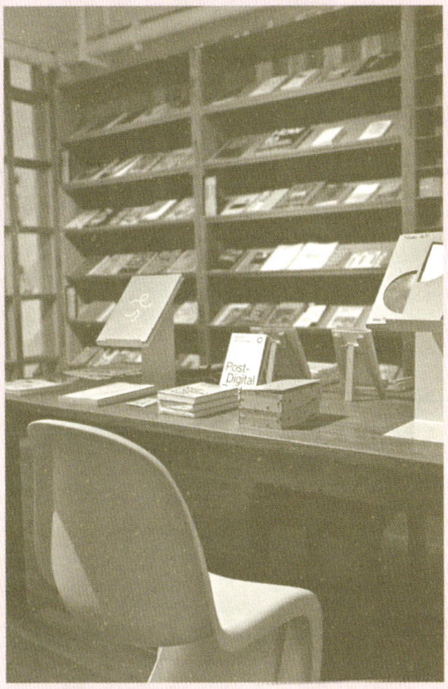

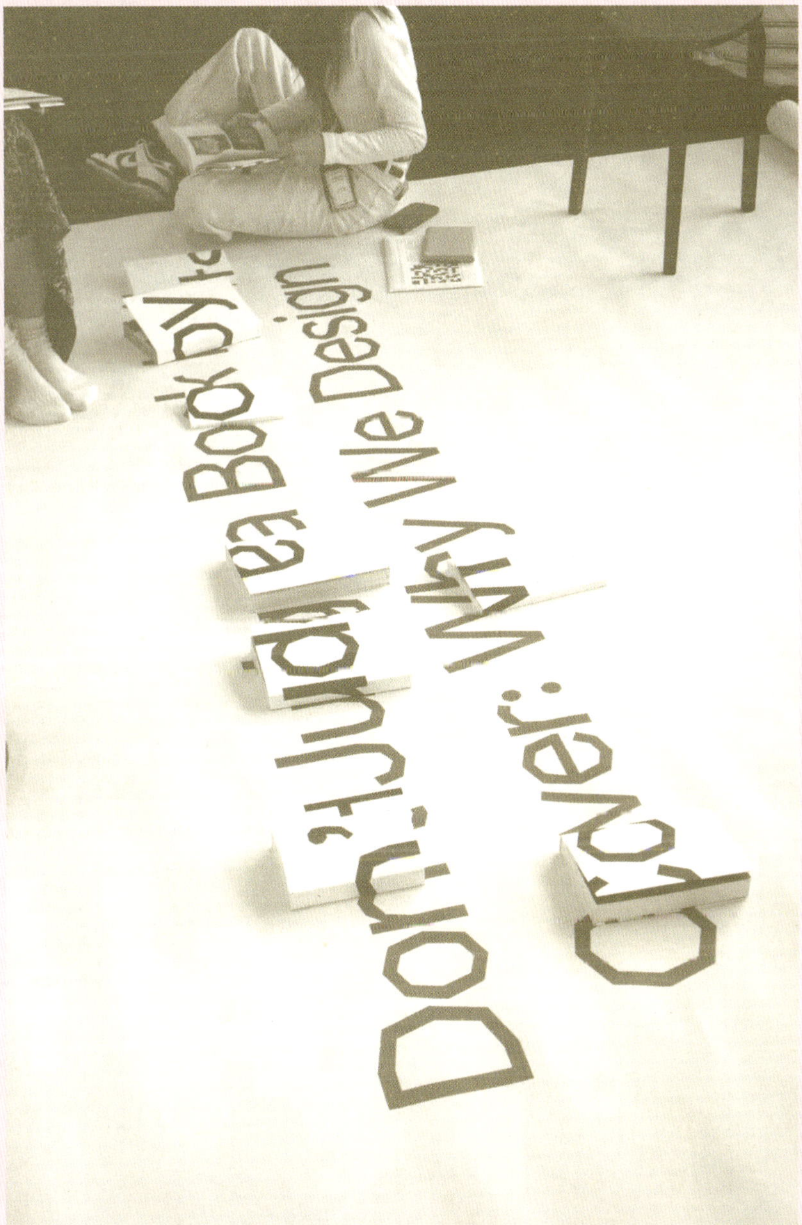
Cover:
Why We Design

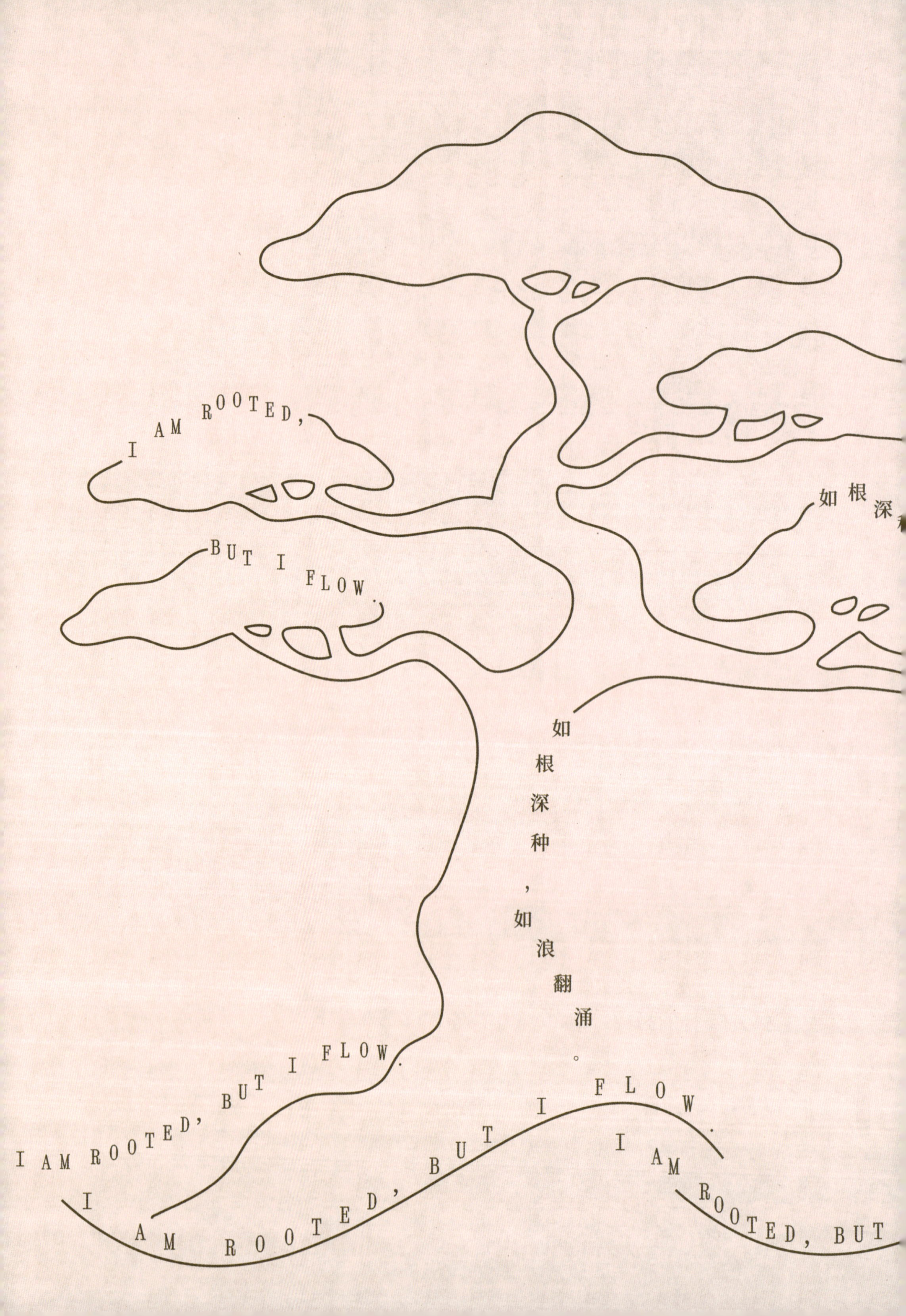

I AM ROOTED,
BUT I FLOW.

如根深种，如浪翻涌。

如根深

I AM ROOTED, BUT I FLOW.
I AM ROOTED, BUT I FLOW.
I AM ROOTED, BUT I AM ROOTED, BUT

如浪翻涌。

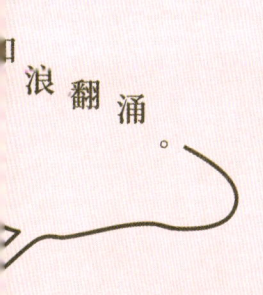

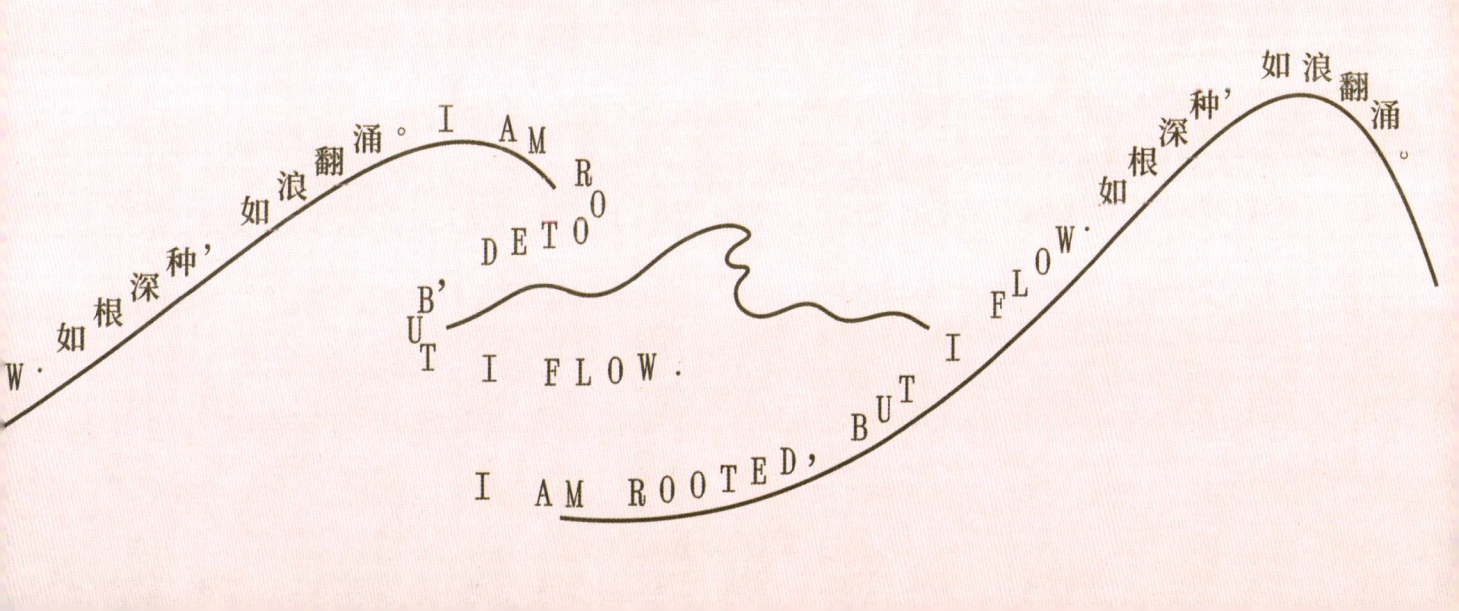

如根深种，如浪翻涌。I AM ROOTED, BUT I FLOW. 如根深种，如浪翻涌。

I AM ROOTED, BUT I FLOW.

摘录给生活的

"一页书被翻动，就是一只翅膀被孤零零地托起来，虽然飞不起来，但我们还是被打动了。"

——《大地上我们转瞬即逝的绚烂》 [美]王鸥行

翻开一本书，有时我们会被其中短短的一行字吸引。它或许不是全书的核心，也未必能解答什么重要的问题，却拥有直抵内心的力量。about编辑部向出版品牌和文化工作者们征集打动他们的书中片段，这些文字或许也能给你一些启发。

新经典文化

一家以内容创意为核心的文化机构，深耕外国文学、华语文学、儿童绘本等领域。

▽ #01～#04

#01

走到此时，一切照旧，却已星光大作。

——《走夜路请放声歌唱》 李娟

在不确定的生活中，与其纠结外部有什么值得相信的，不如选择相信内在的自己。书中所传达的"歌声"意象，就是一种内在力量，在黑暗中支撑着夜行的人们不迷失方向。伴着歌声，抬头看天，既然不知道路的尽头会有什么，就把旅途中的每一颗星辰当作馈赠吧。

#02

他由衷的笑声在我记忆里响起时，每次都让我感慨生活的强大，生活能够在悲伤里剪辑出欢乐。

——《山谷微风》 余华

或许你记得这篇文章，它最初发表在莫言的公众号上，引起广泛关注的同时也将这阵"微风"吹进了很多人的心里。无论遭遇多大的风雨，生活总能找到一丝喜悦的缝隙。那份在记忆深处响起的"由衷的笑声"，仿佛是对苦难的回应，也让我们更有力量去拥抱生活。

编辑／徐晨阳、杨慧

清晨，有希望。

到了八月，
她又觉得有了使不完的力气，
可以继续做自己了。

#03 ——《我们八月见》 ［哥伦比亚］加西亚·马尔克斯

人生匆匆，留下一段只属于自己的时光，和拥有一间属于自己的房间一样重要。"八月"代表着一段旅程、一场邂逅、一种信念。在这段由自己掌控的日子里，我们逃离日复一日的庸常，给未来增添新的仪式感，然后迸发使不完的力气去迎接生活。

#04 ——《哥本哈根三部曲》 ［丹麦］托芙·迪特莱弗森

这是整本书的第一句话，简单几个字就带来直击内心的力量。不少读者忍不住用它来造句：已经清晨有希望地洗漱啦；已经清晨有希望地出门啦；已经清晨有希望地迟到了……

你经历着一场双重革命，
自我个性的变革与人类社会的
变革互相交错，
将赋予你成为创造者的机会。

没有任何经验
是不重要的，
连最小最小的事件都
如同命运般展开。

#05 ——《给未出世的你》 ［法］阿尔贝·雅卡尔

我们常常被当代日常生活的平庸和虚无所折磨，但作者却提醒我们要意识到这个时代的独特性和重要性。他对人类社会中的诸多现象进行了全面的科学梳理，并告诉我们：要用知识去建构自己的思维，用多元视角分析周遭的事物，而不是把一切都当成理所当然。不要放弃思维自由，因为在已知的世界里，只有人类能够想象出一个与当前完全不同的未来。

#06 ——《可知与不可知之间》 杨照

我们常常觉得生活中只有极少数事情是有意义的，是能产生后续的牵连和发展的。但当我们进入更深层的内在体验，用一种新的视角来看待外界和自我时，那些一直被压抑的潜意识可能会浮现出来，然后会发现，所有的感觉都有其意义。生活中的各种经验和事件紧密扣连，彼此呼应、影响。透过一种新视角，我们能更深地洞察生命的模式、秩序与美。

读库

一个综合性文化出版机构，创立于2005年，旗下拥有读小库、御宅学、漫编委、读库生鲜等了品牌。▽ #06～#07

159

> 过去与未来都围绕着一个温暖的小岛，小岛的名字叫作此时此刻。
>
> 通过将自我与文本相匹配，你创造了一个自我。当你充分体会文本，理解行文的结构，以及各个部分的意义时，一个"你"就诞生了。

#07 ——《重燃文学之火》[美]大卫·丹比

文学还能对我们的人生产生影响吗？在意义渐渐消散的时代，我们需要更加迫切地寻找答案。作者在观察了美国高中的文学教育后，得出这样的感悟：阅读的时刻，正是我们乐在其中、重新确定自己身份的时刻。在一次次阅读中，我们得以重新触摸和理解自己的存在。最终，那些文本会变为我们生命体验的一部分，支撑我们在生命的每个时刻感受真实的自己，并做出自己的选择。

#08 ——《隐墙》[奥]玛尔伦·豪斯霍费尔

这是一幅后人类时代的末日图景，作为世界上唯一的人类幸存者，"我"在阿尔卑斯山脚下，与猎犬、奶牛和猫组成了一个奇特的家庭。在四季更迭的无尽的平淡中，"我"学会珍惜生活中每个当下的时刻，并重新思考爱与生命的意义。

> 爱并非一种需要努力找出证据的痛苦劳动。爱是自然的、温柔的。
>
> 在这村里与孩子们玩耍手球的春日哪怕黄昏永不至也是好的

#09 ——《即使不努力》[韩]崔恩荣

我们常常将爱复杂化，试图通过各种方式来证明爱是否存在。然而，爱本质上是一种自然流淌的情感，无须刻意为之，它应该是轻松而温柔的。我们过分努力反而可能遮蔽爱的真正面貌。

#10 ——《良宽歌句集》[日]良宽

在渐暖的春天，正适合读良宽。读到纯净天真的童趣，读到旷达悠然的心境、平淡恬静的逸韵，读到因春夏更替、花开花落而变化的丝丝情绪，然后像良宽一样，变成飞鸟，变成野草，在春天飞翔、生长。

野望

野望 文化出版品牌，由『野 Spring』与『望 Mountain』两个子品牌构成，『野』为状态，『望』是行动，前者专注于文学艺术，后者深耕于人文社科。▽ #12～#14

> 如果我能找到属于
> 自己的位置，
> 或许就能抵抗更多的虚无。

 # 11 ——《无尽与有限》荞麦

当生活被越来越浓稠的虚无占领时，我们渴望拥有一个实在的"身份"，以此获得继续向前的勇气和力量。我们曾经试图通过多种"身份"来界定自己的"位置"，但请记住，任何身份都有无尽的面向，无尽的可能。

> 哪怕问题没有答案，
> 也该被提出来，
> 因为正确的问题本身
> 就包含了答案。

 # 12 ——《脸庞，锋芒》[墨]乌戈·韦尔塔·马林

这句话解答了很多疑问，比如，很多人会质疑文学、电影、艺术未能直接解决现实问题，而只是提出问题。这句话便是对此最有力的回应：提出问题本身，就是打开一扇不同的视窗，让我们看见那些大多数人未曾察觉的事物，它已经迈出了行动的第一步。甚至可以说，整个人类文明的进步，正是建立在不断提问之上，比如星空为什么发光、太阳为什么发热、地球如何自转，以及阅读到底有什么用。

> "毫不留情地贬低自己"时，有一种奇妙的愉悦感。在那个时刻，我全心全意地认为：只要是自我贬低，无论我说得多么难听，他人也不会受伤，无人对此不满，我是此时唯一的存在，我通晓自己的全部弱点和缺点。

 # 13 ——《自伤自恋的精神分析》[日]斋藤环

当"我就是废物"这句话从我口中说出时，我就是自己的神，再也没有外人可以对我指手画脚。与其被别人苛责嫌弃，不如先自己撕开伤口，暴露弱点。这么做的时候，真的会有一种极致的爽感，唯有我本人可以评价我自己，而那些听到的人，无论表露出震惊还是假装安慰的无措表情，都与我无关。我根本不在意外人"虚伪"的反应。仔细想想，确实如作者所说，这就是自恋，没错。生命不过就是自恋与自厌的循环往复。

> 当纯粹的休闲发生时，
> 应该感觉像是玩耍，
> 而不是在工作
> ——只为自己留出
> 一段时间。

 # 14 ——《我要快乐！》[澳]塔比瑟·卡万

纯粹的休闲、纯粹地玩耍，对于成年人来说是很奢侈的事情。就算不在休息的时候因成长、进步、成功等世俗之事焦虑，我们也会在各个社交场合中耗费心力。希望我们都能有"不带任何目的，只为自己留出一段时间"的机会，无论在这段时间里做什么。总之，不必随时待命，不必深呼吸调整状态，也不必考虑责任和义务，而仅仅是为了自己的快乐和平静，保持"有益的自私"。

> 雀跃起舞，
> 昂首于温暖的微风中，
> 双脚从灿烂草地抬起，
> 风温柔吹过。

#15　——《喧嚣》 [奥] 弗朗茨·卡夫卡

尽管卡夫卡以"丧气"的金句而闻名，但他也曾写过这样充满雀跃与温暖的文字。文学增强了我们对生活的感知力，不只是在迷茫、孤独或忧郁的时刻，那些快乐、坚定和充满期待的心情也更能被深刻地体会。愿你不忘阅读卡夫卡时的感动，愿文学守护我们作为人的敏感与知觉。

> 一页书被翻动，
> 就是一只翅膀被孤零零地托起来，
> 虽然飞不起来，
> 但我们还是被打动了。

#17　——《大地上我们转瞬即逝的绚烂》 [美] 王鸥行

我们的生活由无数个看似微不足道的瞬间组成，一页书、一次问候，或许会在某个瞬间永远改变你。书中作者回忆了自己与母亲、外祖母三代人在异国相依为命的往事，以及深深扎根在越南潮湿泥土中、历经枪林弹雨的家族史。即使是写那些低到尘埃里的生活，书中的文字依然美得令人惊叹。翻动这本书的每一页，都能让我们感受到触动，也让我们认识到，即便生活破碎，它依然有着属于自己的绚烂。

> 一个人也许永远无法充分地描述一杯咖啡。
> 然而，这是一项有益的任务：
> 它把我们生活的世界还给了我们。

#16　——《存在主义咖啡馆》 [英] 莎拉·贝克韦尔

不要为了思考生活的意义而忘却具体的生活。虽然我们永远无法表达或捕捉到生活的全部，但正是通过这种"描述"的努力，我们才得以更清晰地感知自己与世界的关系。作者向我们展示了存在主义的治愈之处，它帮助我们找回生活的实感，我们有且仅拥有自己的此时此刻。创造自己的生活，从享受一杯咖啡开始。

> 做个与人为善的人，并不意味着从来都不让他人感到不适。我坚守自己的立场，并不代表我就是个刻薄之人。

#18　——《你想从生命中得到什么》 [美] 瓦莱丽·提比略

善良并不意味着无条件的妥协或回避冲突，它的核心是坦诚，而非讨好。坚守个人的原则也不会损害道德，它的核心是要学会在价值观的碰撞中找到真实的立足点。作者以哲学家的身份提醒我们，在复杂的人际关系中迷失自己时，要对目标与价值排序，认清内心的优先级，从中发现那些不可妥协的部分。

> 基因并没有给我们下达
> 留下后代的指令。
> 相反,
> 基因始终是这样命令我们的:
> "自由地活着吧。"

\# 19 ——《遗传基因爱着不完美的你》 [日] 福冈伸一

自我和解的第一步,就是明白每个人都是具有自由意志的个体,而不是被基因"编程"规定了运行规则的机器。作为生物学家的作者从遗传基因的角度提醒我们:尽管基因会影响我们的性状和倾向,但基因并不能操控个人意志。换言之,无论你活出怎样的人生,基因都会支持你,请自由地活着吧!

> 每年树木都在改变自己,
> 每经过一个春天,
> 它都会让森林更加繁茂。

\# 20 ——《树屋日记》 [法] 爱德华·科尔泰斯

大自然中的许多生命,在迎接新生的同时也容纳着枯萎,由此生生不息。作者在中年时因事业重挫而远离城市,独自在森林树屋中生活了100天。森林生活带给他的思考与治愈,有如阳光般温暖。正如树木会随四季的更迭而变化,我们也会随着人生际遇的起伏而成长。或许会经历低谷与沮丧,但不妨像树一样学会等待。重塑内心,等春天再来。

> 对我而言,旅行无关乎
> 天数、远近、难度;
> 旅行成了一种必须
> 献身于当下,
> 眼睛却能微微纯真地看着
> 远方的生活态度。

\# 21 《我所告诉你关于那座山的一切》 刘宸君

作者在19岁时从印度前往尼泊尔,用一双脚和一辆单车穿越平原与深山。在洞穴中受困47天后的死亡前夕,她仍然坚持书写,将短暂的生命通过文字存续。她前进、观察、思考、书写、离去,种种看似徒劳的日常动作正是她对生命的回应,更是对不完整世界的直面。

> 人类真正的家园
> 不是房子,
> 而是『路』,
> 生活本身
> 就是一段徒步的旅程。

\# 22 ——《角谷的藏书架》 [美] 角谷美智子

人生的意义不在于固守,而在于行走。这也是《纽约时报》前首席书评人、作家角谷美智子想传递的"阅读的魅力"。不仅要停留在书页之中,更要随作家的想象去探索未知的世界。在阅读中,不同的灵魂能彼此相遇,也让"家园"的意义被重新定义。

后浪

创立于2006年,关注时代的精神生活和文化累积,经受住时间检验的好书,内容广泛,涵盖人文、电影、历史等多元领域,追求出品能。

出发吧，像一个自由的人，
像一只候鸟，
像一个被携带的、被动的人，
不假思索地，
像一道在黑夜里逡巡的亮光，
宁静地，避免打扰地，
比风还轻地，掠过。

23 ——《次要人物》 黎幺

这是一部以家庭为背景剖析日常的作品。书中描绘了家庭成员从"次要"到"主要"的觉醒之旅：像候鸟一样被动漂泊，最终化为一道独立的光芒。在这看似微不足道的迁徙中，人物的能动性被唤醒，内在的力量得以显现。即使在家庭或社会中被视为"次要"，每个个体也都有能力成为自己故事中的"主要人物"。

因为喜欢所以选择去做，
因为足够喜欢
所以愿意承担一直做下去
可能会造成的后果。

24 ——《比山更高》 宋明蔚

这本书是一部讲述中国自由攀登者的纪实作品，这句话引自书中自由攀登者之一严冬冬的原话，他到生命的最后一刻都想活命，但他也是第一个非常坚定地立下"免责宣言"的人。这种信念靠的便是"因为足够喜欢，所以愿意承担一切后果"的热爱。

也许，只要保持想象力，
人们就能守住自由感，
进而守住自己的生活。

25 ——《可能的世界》 杨潇

2010—2019 年的十年间，作者在全球多个国家行走与观察，以背包客和记者的双重身份深入体验不同文化，用想象力对抗心灵的委顿。想象力并非虚无缥缈的幻想，而是面对复杂世界的一种积极应对，它帮助人们在变革的时代中保持独立思考，并守住了生活的自由感。

要过一种值得过的人生，
那就是生活在真实中。

26 ——《单读 . 33, 多谈谈问题》 吴琦主编

这句话出自南京大学教授景凯旋与柏琳的对谈。景凯旋在长期的东欧文学研究中，寻找到一种让人免于精神上的荒芜与焦虑的答案，那就是要"生活在真实中"，过一种具有超越维度的有意义的生活，而不是被生活的日常所遮蔽、所淹没，一生苟且地活着。

他感到心满意足，近乎愉悦地朝地面继续走去，心底忽又升起了那种以往走在阳光灿烂的大街上经常会感受到的暖洋洋的幻觉：我们所有人将手挽着手走向美好的明天。

风没有了，
雾将散未散，
路越走越宽，
灯光也愈是亮堂……

27 ——《光从哪里来》 远子

2023 年 9 月底，突然，我在工作层面陷入了巨大的认同危机。我想，接下来应该去做更关切自己所处现实的选题。就是在这个时候，这本书来到我这里，搭救了我，改变了我的职业生涯。作者远子的文字仿佛黑暗中伸过来一只手，一遍又一遍坚决地触探粗粝、尖锐的现实，不断抓握起未被言说的部分。这也是这本书的最后一句话，尽管它是一种带有暗讽意味的幻象，但仍然在告诉我从"个我"走出来、朝"世界"走过去的可能。

28 ——《夜行者》 何大草

2023 年 11 月中旬，我在"游荡式"出差，那时，我刚开设自己的新工作室。初读到这句话是在上海，那天晚上我坐在酒店门口台阶上，风很大，我心里揣着一些还不大明了的事情。后来，我把这句话摘出来，请作者何老师写了幅字，用作工作室 2024 年的新年寄语。再后来，在设计这本书的封面时，我将何老师手写的这句话印在了封底。如今，每每遇到黯淡的事，我就在心里把这句话翻出来，然后继续走路。

我们写作，是为了自救，
　　是为了窥见真实，
　　并在触及的刹那捍卫它。

放弃鱼类之后，
　我看到了世界的本质，
　一个拥有无限可能的地方。

29 ——《今晚出门散心去》 田嘉伟

2024 年 11 月 6 日，我在朋友圈写道：这个世界今天唯一的好消息是我家楼下菜摊豌豆尖儿五元一斤。但这天其实还有一个好消息：《今晚出门散心去》印制顺利。这是我做书生涯迄今用力最大的一本书。它教给我"耐心"和"等待"，教给我时间的意义。它的内里是一层又一层的"我"，这些"我"一次又一次在生命经验的夜晚游荡，将多向度的爱聚合为泪与笑的星丛，引永恒的失眠者走向惊奇的房间。今晚，我们出门散心去。今天，我们把这些都写下来。写下来，这很重要。

30 ——《鱼不存在》 [美]露露·米勒

当放弃固有的定义、概念，放弃对这个世界的滤镜，我们会得到一个拥有无限可能的新世界。使用特定的词语，就是将自己限制在体验世界的特定框架之内。去拥抱混乱，去做方差大的事情，去转换视角。在鱼不存在的世界，也许工作是游戏，离别是快乐的仪式，睡觉是最重要的头等大事，没人能给出绝对真理和终极意义。

> 万物并作，吾以观复。

> 清醒的神智也是一种漫长的耐心。命运不在人的身上，而在人的周围。

31 ——《道德经》 老子

在很多陷入纠结、死局的时刻，总是想到这句话。当把时间的维度拉长，再大的事也就变成了小事；今天多么不可思议的事，明天也就变成了旧事。人生很多的时刻，想想也不过是宇宙中的一个瞬间。

32 ——《快乐的死》 [法]阿尔贝·加缪

所谓"清醒的神智"，是一种面对生命困境的耐性与清醒。当个人的命运已无法从自身找出解法时，我们需要关注并善用周围的环境，等待合适的时机，走出困境。

> 仔细想想，其实不需要表现自我，
> 人们照样可以普普通通、
> 理所当然地生存下去。
> 尽管如此，你还是期望表现点什么。
> 就在这"尽管如此"的自然的文脉中，
> 我们也许会意外地看到
> 自己的本来面目。

> 让你的生命在时间的边缘上轻轻跳舞，如同叶尖上的露珠。

33 ——《我的职业是小说家》 [日]村上春树

作为一名创作者，我偶尔也会陷入一种低表达欲的状态，会思考自己为什么画画、想传递什么，所以我想推荐这段文字。不要失去表达自我的意愿和认识自我的机会，才能够帮助我们过好每一个稀松平常的日子。

34 ——《飞鸟集》 [印度]罗宾德罗那特·泰戈尔

喜欢这个句子，很灵动、很治愈，它会让我感受到生命变得轻盈和从容，更懂得享受当下。

语言是人类唯一的家园，
唯一对人类友好的居所。
语言是一个倾听者，
比沉默或上帝更靠近我们。

人需要敏感的神经
去感受艺术，
但这种敏感不应该成为
坚强的对立面。

35 ——《简洁如照片》[英]约翰·伯格

这句话强调了语言对人类存在的重要意义：它不仅是人与人之间沟通的工具，更是每个个体精神的家园。语言承载着我们的思想、情感和记忆，它比抽象的沉默或遥远的神性更贴近我们的日常。

36 ——《世界从不寂静》祝羽捷

这是关于艺术感知与内在力量之间关系的探讨。感受艺术需要敏感的神经，但这种敏感不应被误解为脆弱，而是能够与坚韧共存。生活充满挫折和沮丧，真正的强大在于始终保持对美与意义的感知，而不因破碎的情绪轻易被击倒。

他代表着一种可能，
即同时拥有艺术和爱情、
经受住种种风险
获得安稳生活的可能。

世界在树梢上簌簌作响，
它们的根
扎入无穷深的地下，
只不过它们未曾迷失其中。

37 ——《单身男子》[美]克里斯托弗·伊舍伍德

这句话出自知名时装设计师汤姆·福特为这本书写的序言，用其来描述作者本人的人生经历。年轻的时候，我们常常认为，艺术和安稳生活是水火不容的，甚至更进一步，为了追逐艺术而产生自毁倾向。用杜甫的话来讲，就是文章憎命达。然而实际上，才华只反对平庸，从不反对过上更好的生活。而更好的生活里，同时存在痛楚，以及其他为创作服务的养料。有伊舍伍德以及更多像他这样的人存在，对于创作者来讲，不可不谓一种慰藉。

38 ——《园圃之乐》[德]赫尔曼·黑塞

作为当下的高频词，"内卷"最初指的是一种农业生产的非理想状态。若想解"内卷"之毒，需寻求真正的自然之道。作者黑塞在写于1918年的这篇散文中讲述了树木的美德：合群而又独立，坦诚兼具灵性，沉静且充满生命力。18世纪流行的植物分类学将"自然"阐释为一套层层进化的等级秩序，而黑塞则提出，树木的存在本身就是自然理念的显现。自然之道，不在于急切地进化与上升，而在于坦然接受自我面目，并实现"本身所固有的法则"。

祝羽捷 策展人、写作者、文化学者。播客《艺术折叠》主播。 ▽ #35～#36

吴呈杰 非虚构作者。《人物》《GQ》《正面连接》前记者，播客《除你武器》主播。 ▽ #37

罗雅琳 《文学评论》编辑，青年批评家。 ▽ #38

严彬 诗人，小说家。代表作品有诗集《献给好人的鸣奏曲》《大师的葬礼》、小说集《过时小说》等。▽ #39

小老虎 独立音乐人，一个玩说唱的。▽ #40

灵感集市 一档关于文学写作的播客，分享关于写作的热爱与困惑、成长与修行。▽ #41

我不会让我自己累着。我要跳进我的小说里，即使这会划破我的脸孔。

#39 　　　——《卡夫卡全集》[奥]弗兰兹·卡夫卡

那些爱卡夫卡的人，很容易就能在需要的时候，在恰当的位置，将卡夫卡的思想找出来。我也一样。这句话的位置在全集第 5 卷中某一页右上角的第三段。同为写作者，我爱卡夫卡的纯真和执着，不要打破他在自己小说中独自的宁静，也不要划破他的脸孔。

肯定会有比想要得到的东西更宝贵的事物，在这个追寻的过程中先出现。

#40 　　　——《猎人》[日]富坚义博

这句话我自己很有体会。简单地说，就是享受过程，相较于到达目的地，反而是在旅途中认识朋友更能带给我惊喜。

文学有助于我看活生生的人，活生生的人有助于我看文学。假如我无法逃出地牢，至少我应当透过铁窗去看。

#41 　　　——《文艺评论的实验》[英]C.S.路易斯

曾经有很多年，我发现自己不知如何阅读文学作品了。大家都说要读得多、读得好，但每次读完、摘抄完，却似乎什么都吸收不进去。站在伟大作家身边，像隔着一层雾，他们发着光，我却不知道如何被光源影响。没错，我是在快速地"使用"书籍，把它们变成书单或谈资，却缺乏耐心去透过作者的视角，亲眼看到那些鲜活的形象。从今天起，我们可以试试像小时候那样读书——在一个仿佛永远过不完的假期里，用无限的耐心与想象去置身其中，直到书中的一切如同亲身经历般难忘。或许这样才是与文学打交道的一种更亲切的方式。

#01 《走夜路请放声歌唱》 李娟

#02 《山谷微风》 余华

#03 《我们八月见》 [哥伦比亚] 加西亚·马尔克斯

#04 《哥本哈根三部曲》 [丹麦] 托芙·迪特莱弗森

#05 《给未出世的你》 [法] 阿尔贝·雅卡尔

#06 《可知与不可知之间》 杨照

#07 《重燃文学之火》 [美] 大卫·丹比

#08 《隐墙》 [奥] 玛尔伦·豪斯霍弗尔

#09 《即使不努力》 [韩] 崔恩荣

#10 《良宽歌句集》 [日] 良宽

#11 《无尽与有限》 荞麦

#12 《脸庞，锋芒》 [墨] 乌戈·韦尔塔·马林

13 《自伤自恋的精神分析》 [日]斋藤环

14 《我要快乐！》 [澳]塔比瑟·卡万

15 《喧嚣》 [奥]弗朗茨·卡夫卡

16 《存在主义咖啡馆》 [英]莎拉·贝克韦尔

17 《大地上我们转瞬即逝的绚烂》 [美]王鸥行

18 《你想从生命中得到什么》 [美]瓦莱丽·提比略

19 《遗传基因爱着不完美的你》 [日]福冈伸一

20 《树屋日记》 [法]爱德华·科尔泰斯

21 《我所告诉你关于那座山的一切》 刘宸君

22 《角谷的藏书架》 [美]角谷美智子

23 《次要人物》 黎幺

24 《比山更高》 宋明蔚

#25 《可能的世界》 杨潇

#26 《单读. 33. 多谈谈问题》 吴琦 主编

#27 《光从哪里来》 远子

#28 《夜行者》 何大草

#29 《今晚出门散心去》 田嘉伟

#30 《鱼不存在》 [美] 露露·米勒

#31 《道德经》 老子

#32 《快乐的死》 [法] 阿尔贝·加缪

#33 《我的职业是小说家》 [日] 村上春树

#34 《飞鸟集》 [印度] 罗宾德罗那特·泰戈尔

#35 《简洁如照片》 [英] 约翰·伯格

#36 《世界从不寂静》 祝羽捷

#37 《单身男子》[美]克里斯托弗·伊舍伍德

#38 《园圃之乐》[德]赫尔曼·黑塞

#39 《卡夫卡全集》[奥]弗兰兹·卡夫卡

#40 《猎人》[日]富坚义博

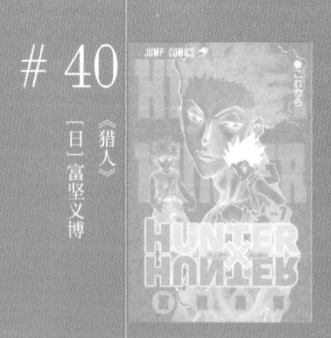

#41 《文艺评论的实验》[英]C.S.路易斯

清醒的神智也是一种漫长的耐心。

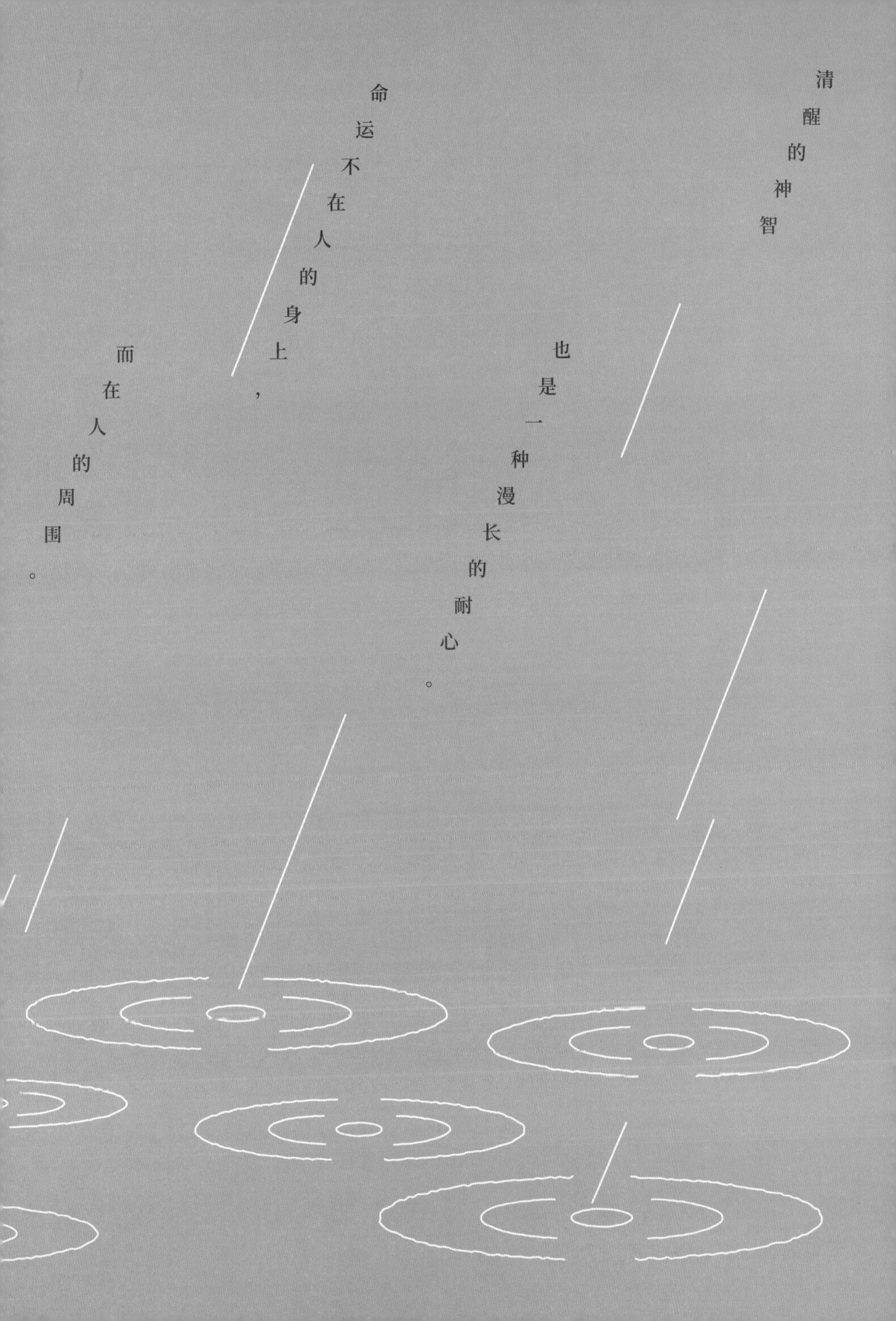

命运不在人的身上,而在人的周围。

○ 专栏

about 热水频道

《about热水频道》是about编辑部的自制播客，每期会围绕一个生活关键词聊聊天。

我们将在"about关于"系列出版物的专栏中，持续更新这档播客的制作花絮、主播心得、听友留言和近期一些有价值的探讨。

about 热水频道
主播叨叨叨 _ NO.03

给明天的一朵云

收听了 2 000 小时以上播客，也制作了 30 多期播客之后，发现了一件小事：每次听到一句触动自己的话时，打开评论区，大概率会看到很多人也被同一句话触动。

比如《没有人不向往旷野，但它也许就在身边 | 014 行走》这期，很多人被"你在自然中一边丢掉自己，一边找到自己"打动。这句话出自嘉宾讲的《森林如何思考》里的一个小故事：加拿大人类学家爱德华多·科恩去一个村庄做田野调查时，路上遭遇落石，同车的其他人因为之前走惯了这条路，都没什么反应，只有第一次来的他感到恐慌。更让他恐慌的是只有他一个人陷入这种感受，这让他产生了很强的分离感和焦虑感。而故事的结局是，他下车后举着望远镜看到了一只唐纳雀，望远镜对焦清晰的那一刻，那些感觉消失了。在那一刻，他融入了自然这个更大的群体中，他一边丢掉自己，一边找到了自己。

在录制《无所事事的幸福真的存在吗？| 009 技术哲学》这期节目时，我们也被一个小故事触动了。当时不太明白为什么，只是猝不及防地落泪，也无法预料会有几个人在听到这个小故事时同样流下莫名其妙的眼泪，但当这期节目发布时，评论区里很多人标记了这里。那个故事是这样的：一个天生内向敏感的年轻人，很早就见证了很多的聚散离别，对这个世间产生巨大的厌倦，他想结束自己的生命。但在他准备实施自杀的那一刻，他突然想起阳台上有一盆刚开的花，在这么冷的冬天里，它

居然开花了。他想，如果他死了，这盆花就再也没人照顾，再也不会开出这么美的花了。于是他放弃了自杀。

还有《把我的少年时代再活一遍｜013 杂志》这一期，评论区里标记最多的话是《三联生活周刊》旗下《少年新知》杂志主编陈赛聊到友谊时，引用的一段蒙田为挚友写下的话："如果你一定要问我为什么爱你，我觉得我无从表达，除了说因为是你，因为是我。"她说这样的友谊是对彼此完全的偏爱与接纳："只有在这样的关系里，我们才能直面那些你不愿意让别人看到，也不愿意让自己看到的渴望、遗憾、脆弱、梦想，这些都是我之所以是我，而你之所以是你的根本原因。"

一期播客上万个字，为什么会有不同的人为同一段话感动？是因为我们都孤独吗？答案可能不是这么简单，但唯一确定的是，我们每个人都可能是那个感到与世界格格不入的人，是那个内向敏感的人，是有许多渴望、遗憾、脆弱、梦想却无从诉说的人，是在等待一只鸟、一朵花、一段"因为是你，因为是我"的关系的人。

而那些话，说出了我们心底的声音。虽然那些话没有激励着我们更强大，更无坚不摧，但它们像一朵朵云，轻轻捕捉并托住了我们下坠的心。

about 热水频道

我们最近聊了什么？

好想拥有徐霞客的精神状态，10%也行
/ 019 徐霞客

Talk to_　　　　　段志强　　　　　　　　　　　复旦大学文史研究院副研究员、
看理想自制节目《白银时代旅行史》主讲人

* 在旅途中遇到的人的善意，往往会构成我们旅行回忆当中最珍贵的部分。

* 旅行的好处，除了能发现世界，更重要的是还能发现人。

* 认识到自身的有限性之后，才能去面对无限的世界。

在租来的60分小窝，过上神仙日子
/ 021 居住

Talk to_　　　　　初枝　　　　　　　　　　　　　小红书家居垂类负责人

* 造房子就是造一个小世界，而建造一个世界，首先取决于人对这个世界的态度。

* 大家都认为60分是一个刚刚好的状态，它带有一种骨子里的松弛感。虽然及格了，但是仍有提升的空间。这种状态既能让人享受当下的居住，也会对未来抱有期待。

* 美好的生活往往分批抵达，给它留一些想象和余地。

* 我的猫、我的床、我那小小的厨房、我熟悉的动线，还有家中的各种气息，我都非常喜欢。家就是我的另一个躯壳，时刻召唤着我的灵魂归位。

找不到人生的主线剧情？ 换种语言再试试
/ 023 跨语言

Talk to_   ale 亚历   非虚构写作者、
《我用中文做了场梦》作者、播客《两朵云的时间》主播

* 选择留在熟悉的地方生活，就需要付一笔"情怀税"，要接受它会阻碍我们自身发展的可能。

* "假装"是一种大城市的生活法则，它像是从日常生活中请了一个假，去体验一些你从未选择过的人生。

* 在大城市里变成一个透明人，是一种精神上的放假。

* 漂泊的时候，最渴望有一个自己的冰箱。

* 我不想太早认命，万一认错了呢？

愿你在人生之山自由攀登，无论是否登顶
/ 024 攀登

Talk to_   宋明蔚   《比山更高》作者、
《户外探险》杂志前执行主编、译者、登山爱好者

* 我们不会因为蚂蚁爬到大象身上就会说蚂蚁征服了大象，攀登也一样。关键在于攀登者是否真正地理解人和山的关系，越是理解这一关系，就越能体会到人类的渺小。

* 当你淡然处之的时候，意想不到的奖赏将会到来。

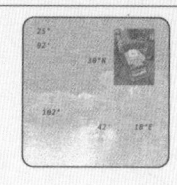

跟着书店人走昆明，太板扎了！
/ 热水城市 01

Talk to_　　　　　　　　　斑马　　　　　　　　　　　　　　　　大观书屋老板

* 努力的方式有很多种，只要脑子里还在构建某种东西，就不算躺平。

Talk to_　　　　　　　　　小黎　　　　　　　　　　　　　　　　庇护所书店主理人

* 一个人不可能完全由理性构成，潜意识里总会留有一些关于"人"本身的部分，需要文学那样的精神食粮去抚慰、去陪伴。

* 社交媒体上的人被简单标签化，而现实世界中的人复杂多面。文学的作用之一就是戳穿这些表象，精确地描绘出一个人的不同面向。

aböut 主要购买渠道

北京
- 北京图书大厦
- 中关村图书大厦
- 言 YAN BOOKS
- 方所
- 中信书店　启皓店
- 单向空间　檀谷店
　　　　　　朗园Station店
- PAGEONE　北京坊店
　　　　　　三里屯店
　　　　　　五道口店
- 钟书阁　　麒麟新天地店
　　　　　　融科店
- 西西弗书店　蓝色港湾店
　　　　　　来福士店
　　　　　　龙湖长楹天街店
　　　　　　国贸商城店
　　　　　　国瑞购物中心店
　　　　　　凯德晶品购物中心店
　　　　　　望京凯德MALL店
　　　　　　西直门凯德MALL店
　　　　　　颐堤港店

深圳
- 友谊书城
- 茑屋书店　上沙中洲湾店
- 钟书阁　　欢乐港湾店
- 深圳书城　罗湖城店
　　　　　　南山城店
　　　　　　中心城店
- 中信书店　宝安机场T3店
- 前檐书店

杭州
- 庆春路购书中心
- 茑屋书店　天目里店
- 博库书城　文二店
- 外文书店
- 单向空间　良渚大谷仓店
　　　　　　乐堤港店

宁波
- 宁波书城

成都
- 文轩BOOKS
- DOOGHOOD 野狗商店
- 皿口一人
- 茑屋书店　仁恒置地广场店
- 钟书阁　　融创茂店
　　　　　　银泰中心in99店

上海
- 上海书城　福州路店
- 朵云书院
- 博库书城　环线广场店
- 香蕉鱼书店　红宝石路店
　　　　　　M50店
- 钟书阁　　绿地缤纷城店
　　　　　　松江泰晤士小镇店
- 中信书店　仲盛店
　　　　　　长阳创谷店
- 茑屋书店　MOHO店
　　　　　　前滩太古里店
　　　　　　上生新所店
- 西西弗书店　北外滩来福士广场店
　　　　　　宝杨路宝龙广场店
　　　　　　长风大悦城店
　　　　　　复地活力城店
　　　　　　华润时代广场店
　　　　　　虹口龙之梦店
　　　　　　晶耀前滩店
　　　　　　金桥国际店
　　　　　　凯德晶萃广场店
　　　　　　闵行龙湖天街店
　　　　　　南翔印象城MEGA店
　　　　　　浦东嘉里城店
　　　　　　七宝万科广场店
　　　　　　瑞虹天地太阳宫店
　　　　　　上海大悦城店
　　　　　　松江印象城店
　　　　　　世茂广场店
　　　　　　万象城吴中路店
　　　　　　新达汇·三林店
　　　　　　月星环球港店
　　　　　　中信泰富万达广场嘉定新城店
　　　　　　正大广场店

南京
- 先锋书店
- 凤凰国际书城
- 新华书店　新街口旗舰店

广州
- 方所
- 脏像素书店
- 钟书阁　　永庆坊店

佛山
- 先行图书　垂虹路店
　　　　　　环宇店
- 钟书阁　　A32店
- 单向空间　顺德ALSO店

东莞
新华书店　　市民中心店
覔书店　　　国贸城店

厦门
外图厦门书城

合肥
安徽图书城

西安
方所
曲江书城

重庆
钟书阁　　　中迪广场店
新华书店　　沙坪坝书城店
不一定宇宙

沈阳
中信书店　　K11 店

天津
茑屋书店　　仁恒伊势丹店

台州
STORY 书店

苏州
诚品书店
新华书店　　凤凰广场店

济南
山东书城
新华书店　　泉城路店

太原
新华南宫书店

兰州
西北书城

呼和浩特
新华书店　　中山路店

乌鲁木齐
新华国际图书城

海口
二手时间书店

长沙
不吝书店
乐之书店
德思勤 24 小时书店

郑州
中原图书大厦
郑州购书中心
DOOGHOOD 野狗商店

南昌
钟书阁　　　红谷滩区时代广场店

青岛
方所
青岛书城
茑屋书店　　海天 MALL 店

烟台
钟书阁　　　朝阳街店

大连
中信书店　　和平广场店

昆明
昆明书城
世界书局
璞玉书店

温州
温州书城

武汉
武汉中心书城
外文书店
无艺术书店

线上购买
- 小红书
- 淘宝
- 天猫
- 当当
- 京东

🔍 about 关于

图书在版编目（CIP）数据

给明天的一句话 / 小红书编 . -- 北京：中信出版社，2025.5. -- (about关于). -- ISBN 978-7-5217-7536-5

Ⅰ. B821-49

中国国家版本馆CIP数据核字第20253VE059号

给明天的一句话（"about关于"系列丛书）
编者： 小红书
出版发行：中信出版集团股份有限公司
（北京市朝阳区东三环北路27号嘉铭中心　邮编　100020）
承印者： 北京利丰雅高长城印刷有限公司

开本：787mm×1092mm 1/16　印张：11.5　字数：343千字
版次：2025年5月第1版　印次：2025年5月第1次印刷
书号：ISBN 978-7-5217-7536-5
定价：88.00元

图书策划　24小时工作室
总 策 划　曹萌瑶
策划编辑　蒲晓天
责任编辑　王　玲
营销编辑　任俊颖　李　慧　张牧苑

版权所有·侵权必究
如有印刷、装订问题，本公司负责调换。
服务热线：400-600-8099
投稿邮箱：author@citicpub.com

明天未必晴朗，明天说起多刮来，一句断不日真假话，你为此刻的我等考。

使用说明

● Step 1
在翻阅之前,请集中注意力,内心默念一个想要得到解答的具体问题。

● Step 2
无须纠结翻阅的顺序,随意翻开某一页,也许这句话就是你当下寻求的答案或启示。

特别提示

"答案之书"所提供的答案更多的是引导、启示与反思,而不是解决问题的直接方案。在使用时,建议不要过度分析其中的字句,而是将其适当融入自身的生活与选择中。

美好的生活
往往
分批抵达,

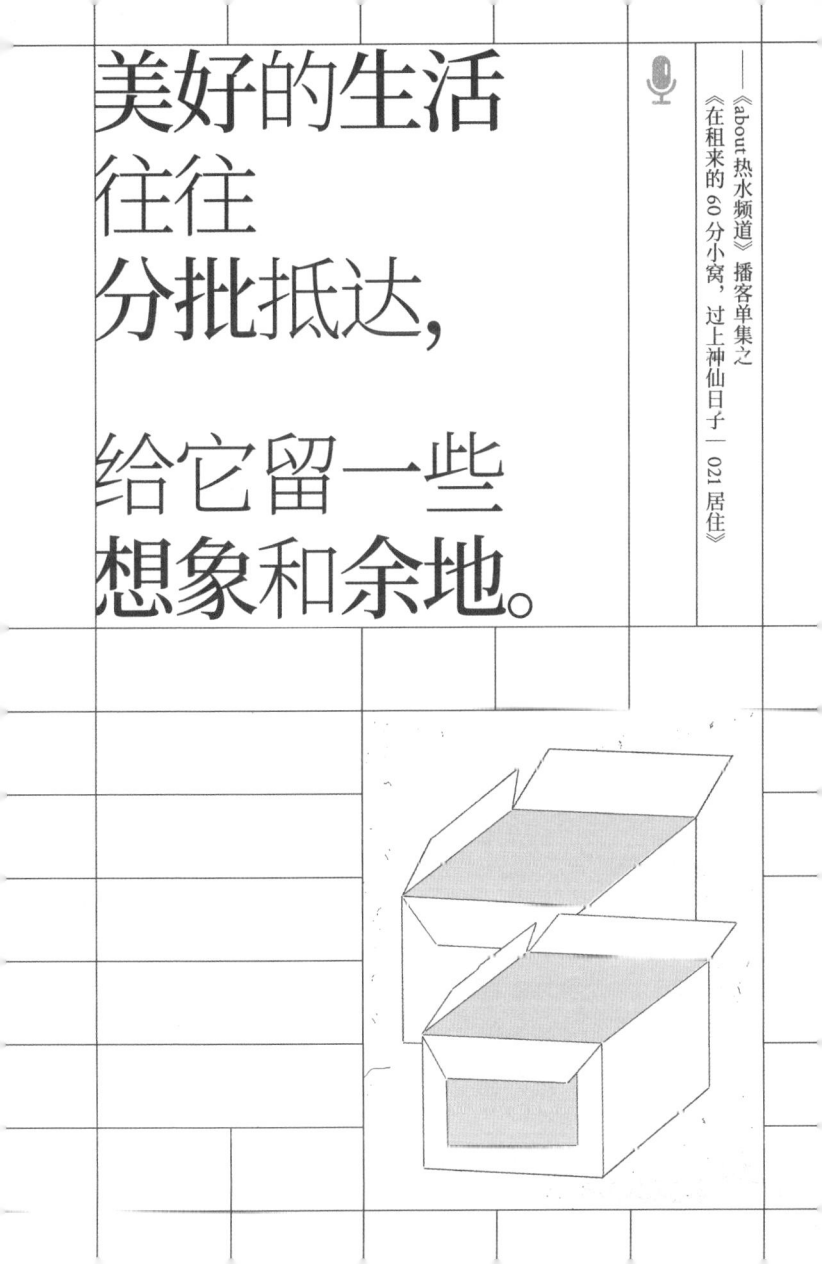

给它留一些
想象和余地。

——《about 热水频道》播客单集之《在租来的 60 分小窝,过上神仙日子 | 021 居住》

给未来的答案之书

认识到自身的有限性之后，才能去面对无限的世界。

——《about 热水频道》播客单集之《好想拥有徐霞客的精神状态，10% 也行——019 徐霞客》

给未来的答案之书

走到此时,一切照旧,却已星光大作。

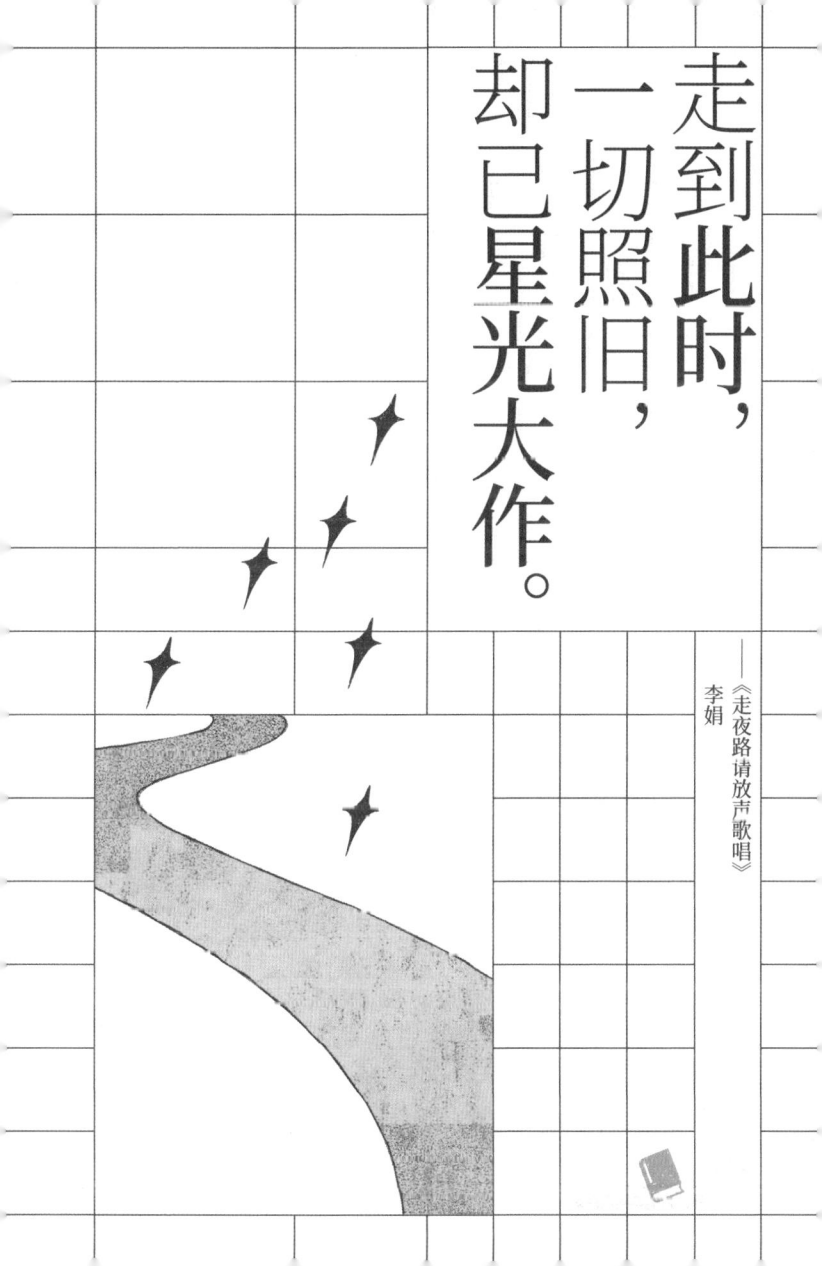

——《走夜路请放声歌唱》
李娟

给未来的答案之书

清晨，有希望。

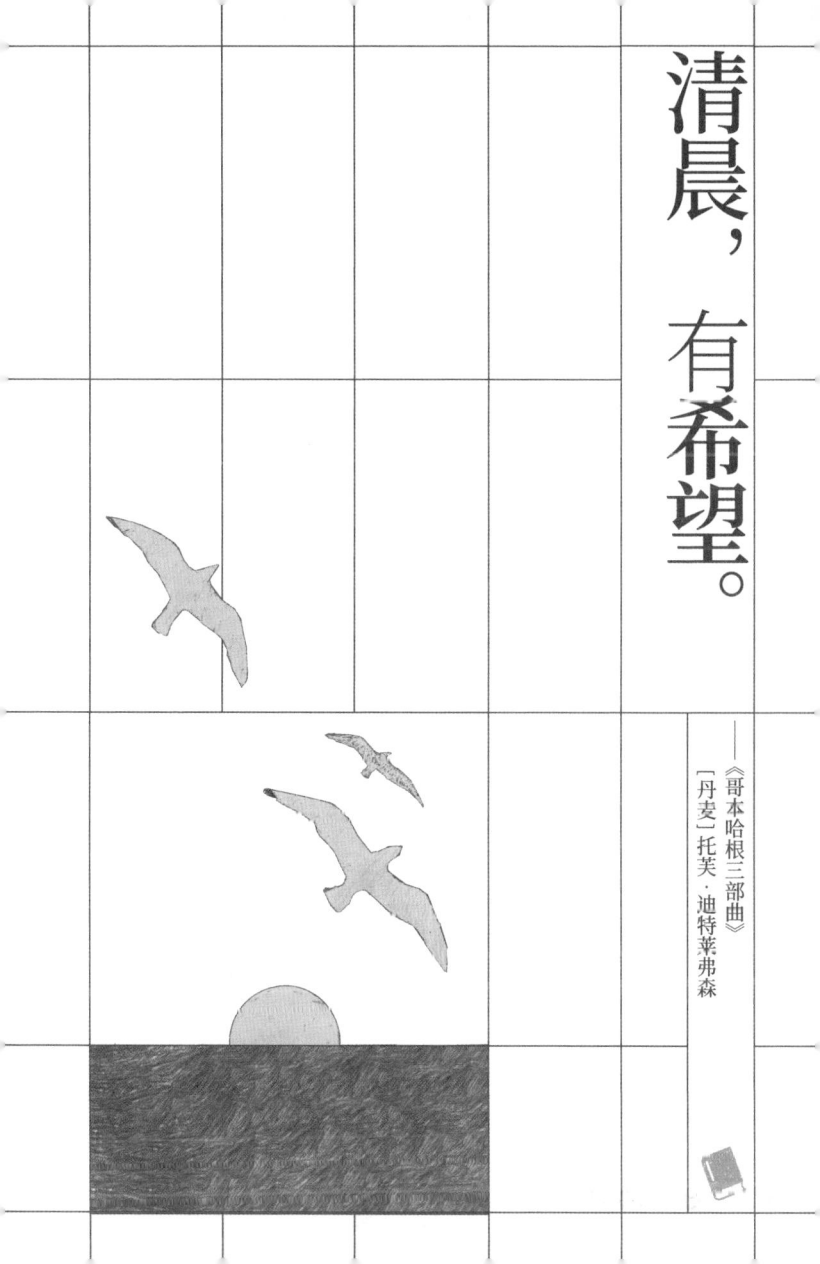

——《哥本哈根三部曲》
[丹麦]托芙·迪特莱弗森

给未来的答案之书

《可知与不可知之间》
——杨照

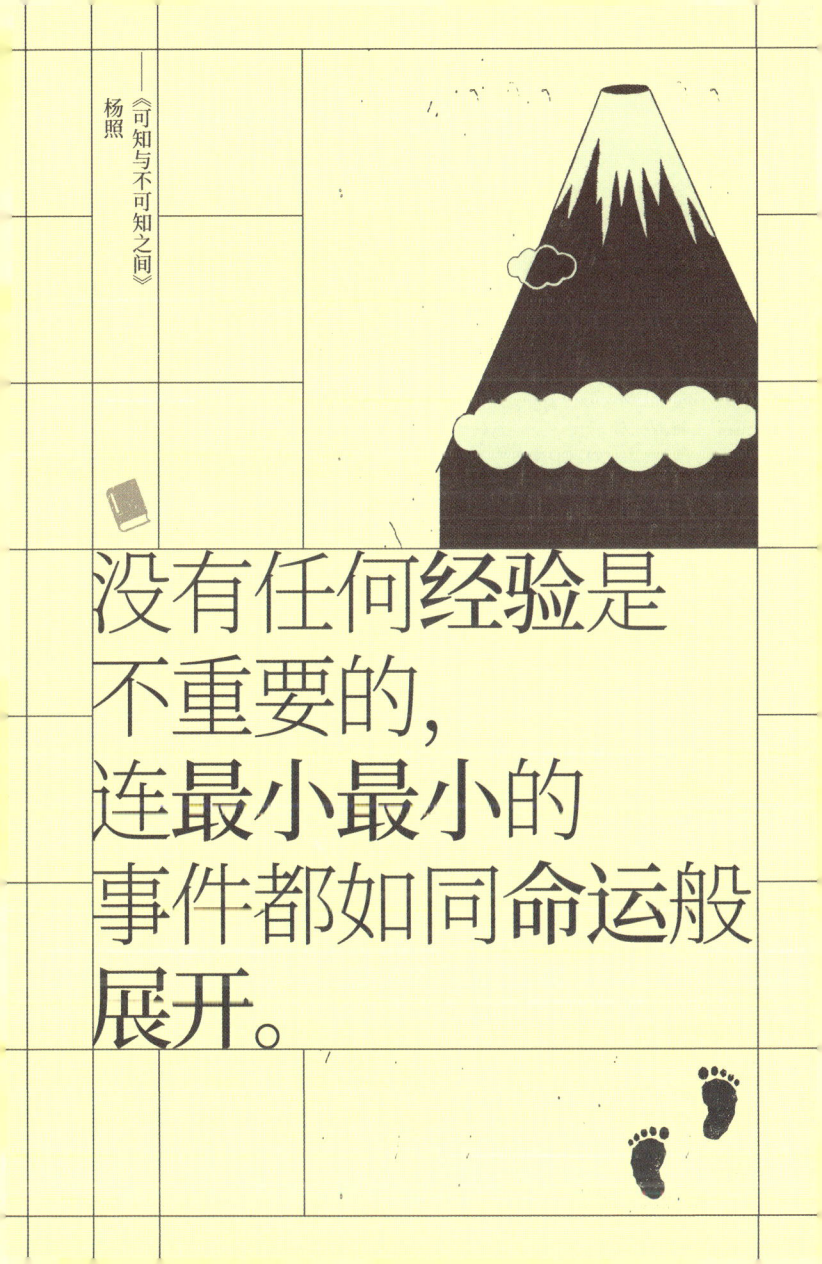

没有任何经验是不重要的，连**最小最小**的事件都如同**命运**般展开。

给未来的答案之书

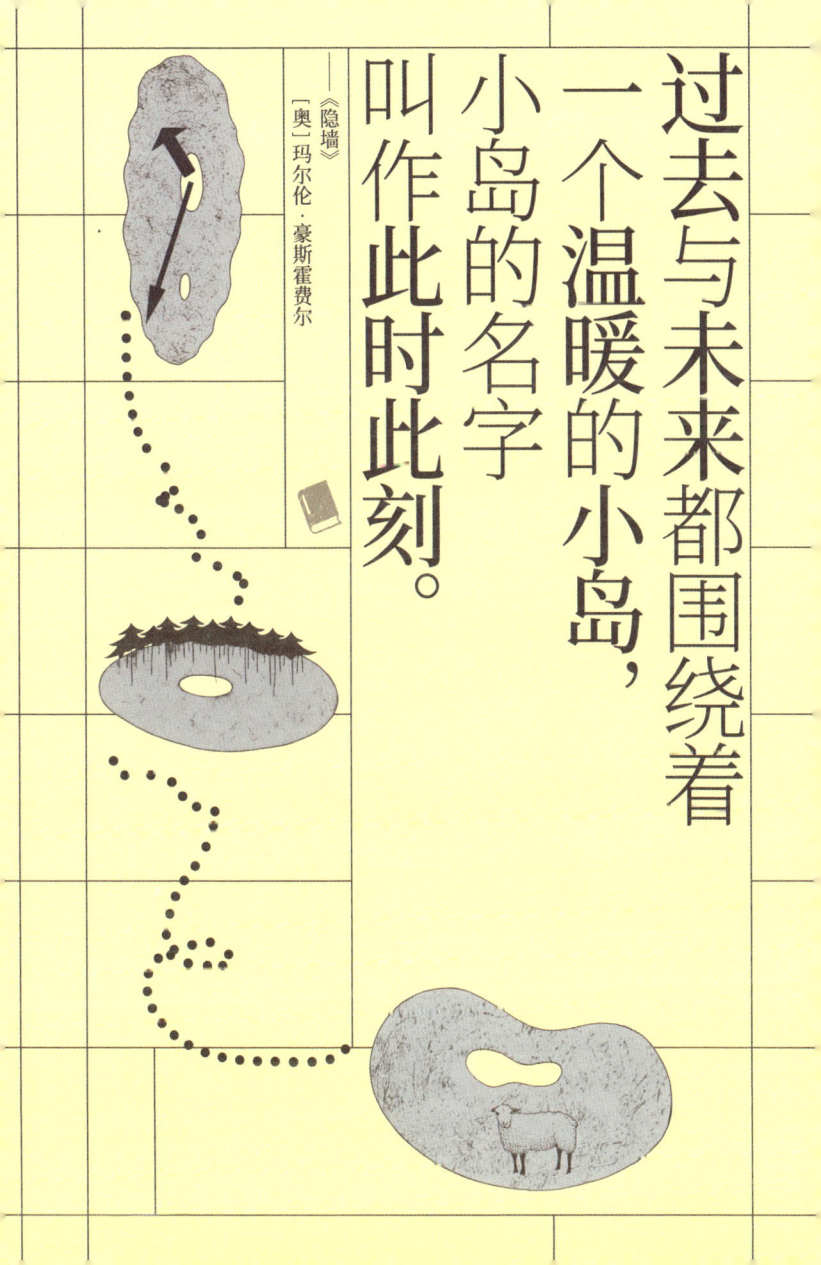

过去与未来都围绕着一个温暖的小岛,小岛的名字叫作此时此刻。

——《隐墙》
[奥]玛尔伦·豪斯霍费尔

给未来的答案之书

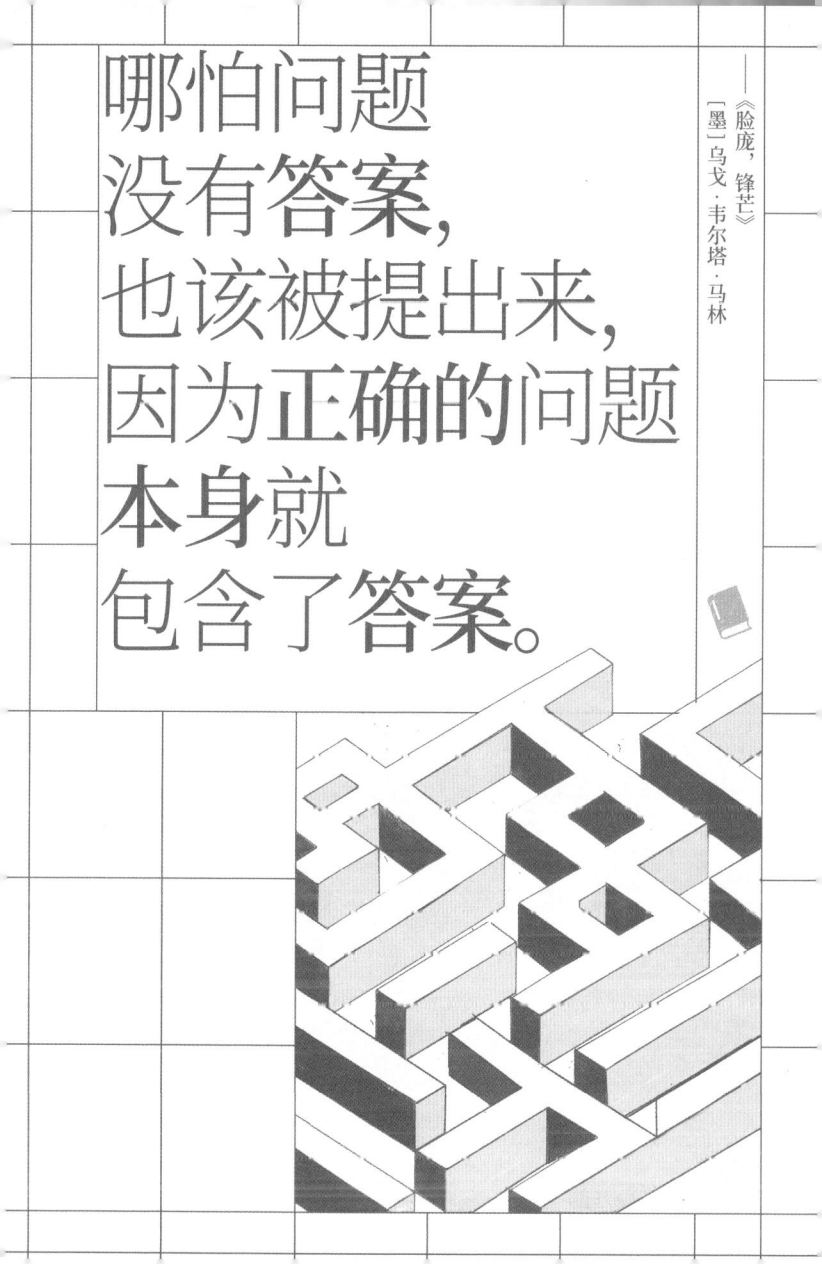

哪怕问题没有答案,也该被提出来,因为正确的问题本身就包含了答案。

——《脸庞,锋芒》
[墨]乌戈·韦尔塔·马林

给未来的答案之书

要过一种
值得过的人生，

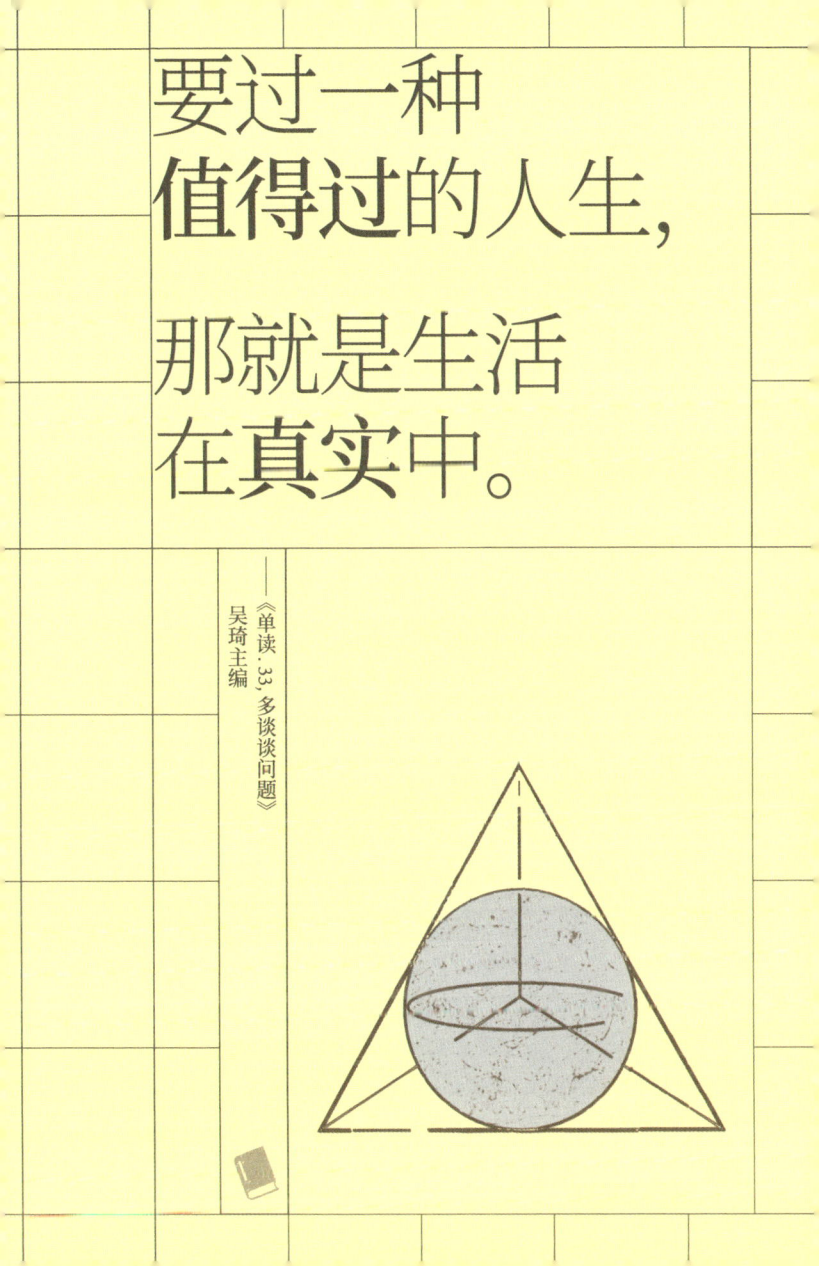

那就是生活
在**真实**中。

——《单读．33．多谈谈问题》
吴琦主编

给未来的答案之书

绝望之为虚妄,正与希望相同。

——《希望》鲁迅

给未来的答案之书

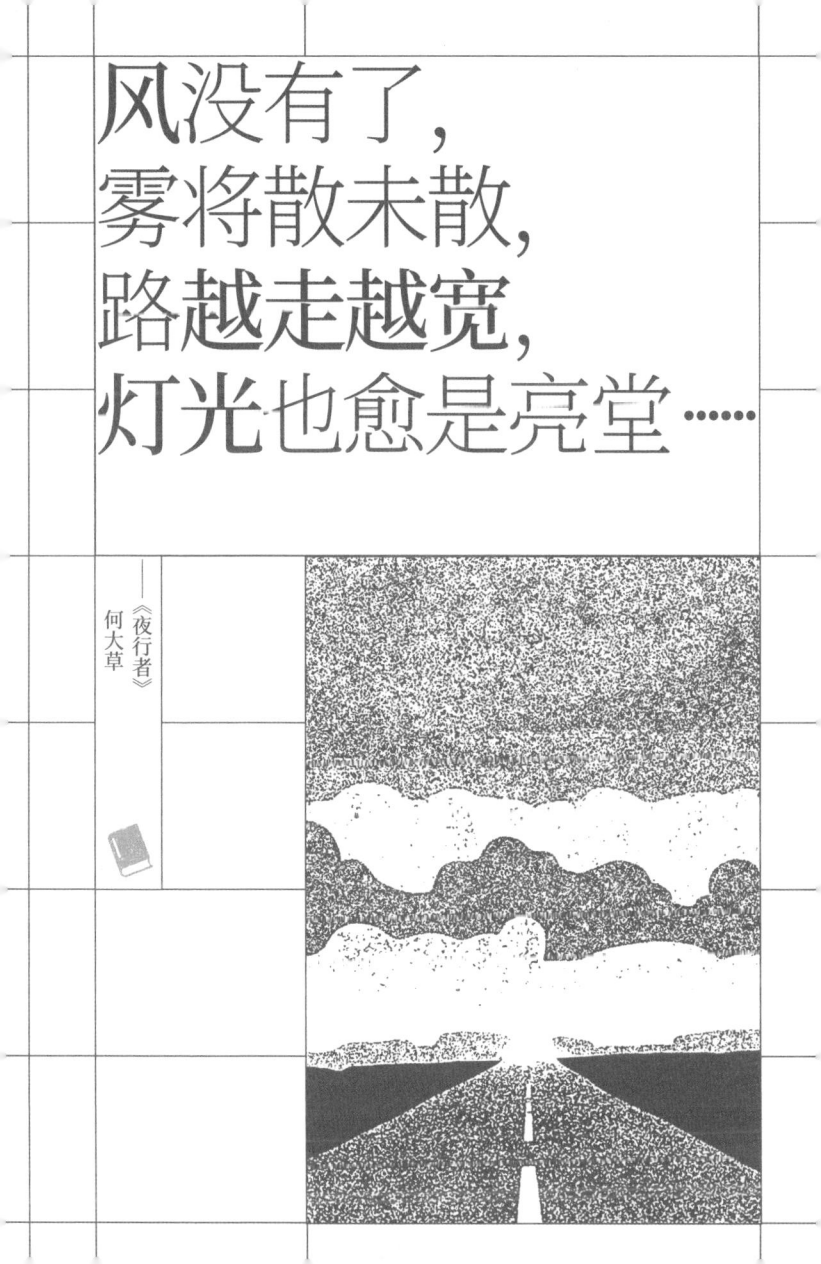

风没有了,
雾将散未散,
路越走越宽,
灯光也愈是亮堂……

——《夜行者》何大草

给未来的答案之书

保持希望是一种道德选择。

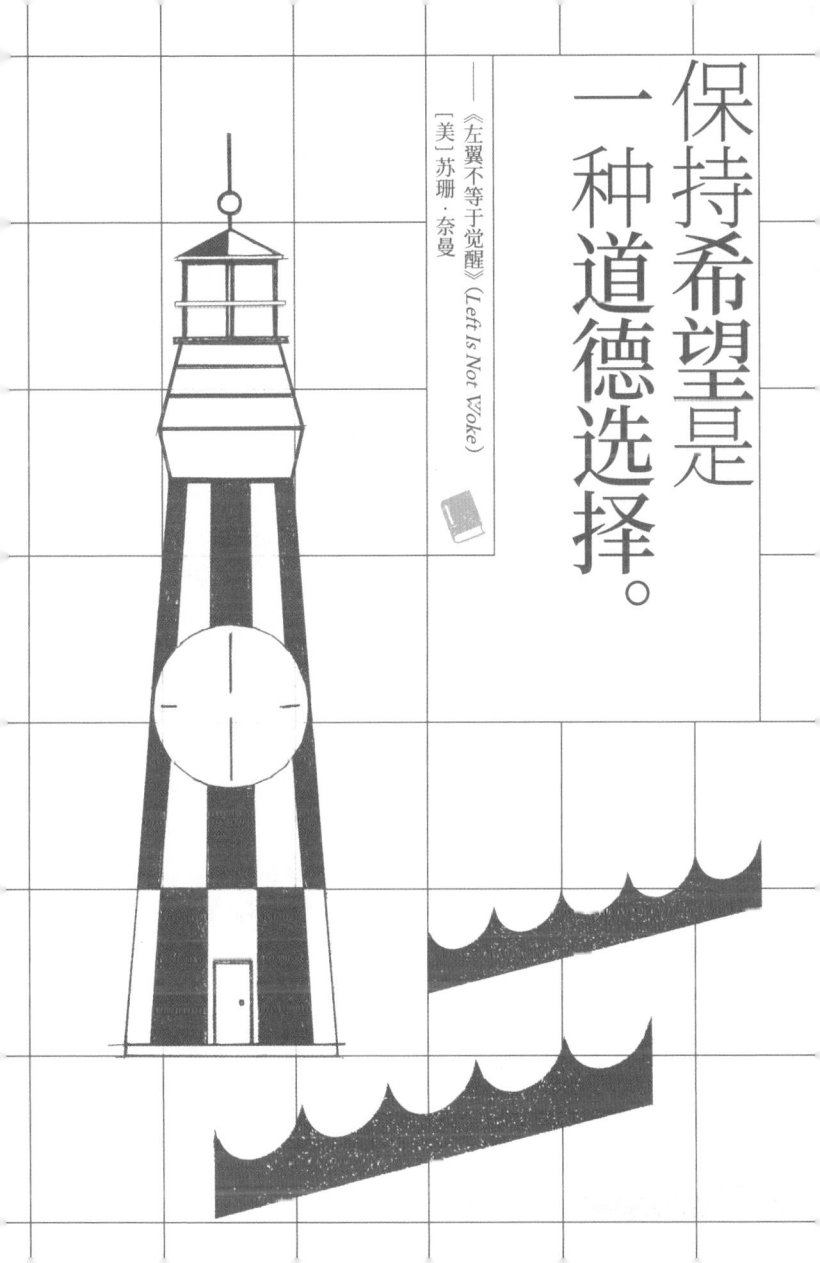

——《左翼不等于觉醒》(*Left Is Not Woke*)
[美]苏珊·奈曼

合抱之木，生于毫末。九层之台，起于累土。

——老子《道德经》

给未来的答案之书

丰富的孤独是很重要的,但不能变得孤立。

——《东京厨房》
[日]大平一枝

在尘埃里活着,
盯住微光……

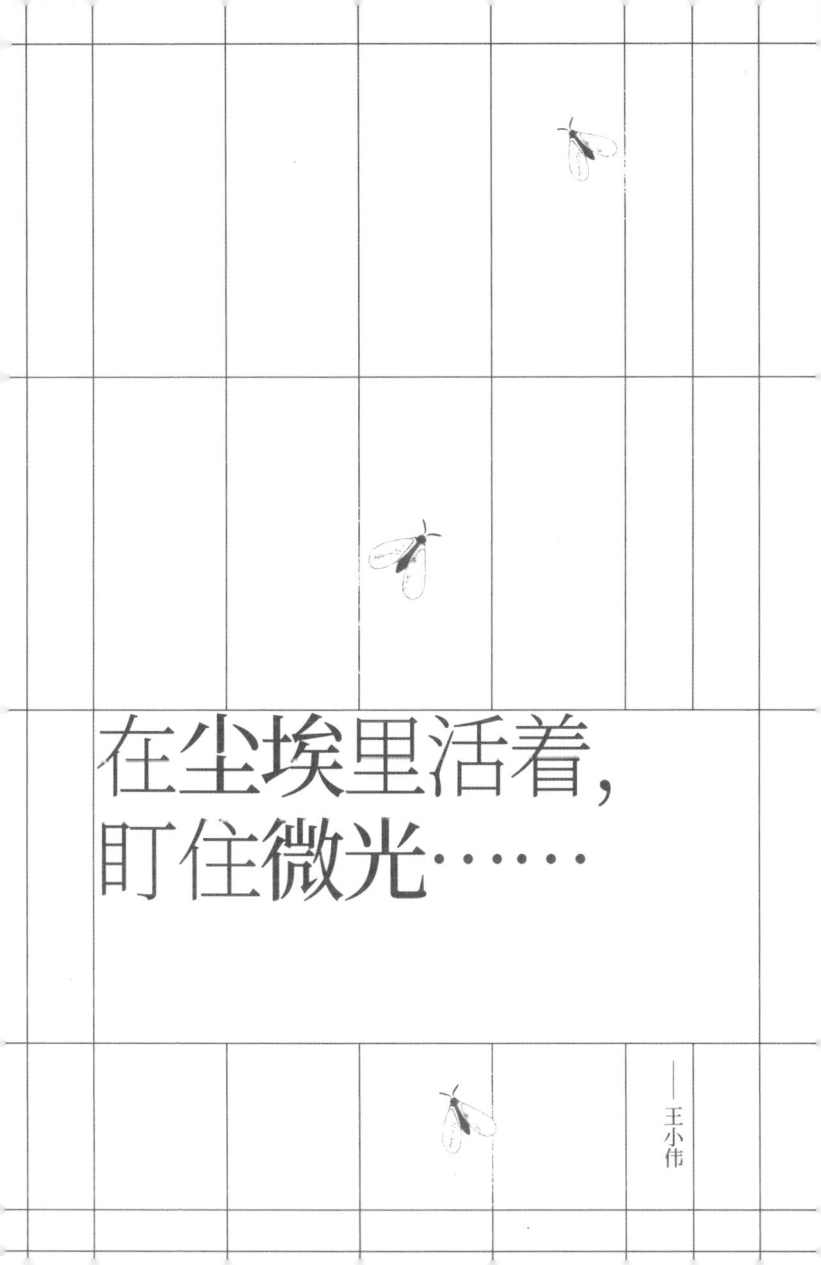

——王小伟

活着就好，活着就会有事情发生。

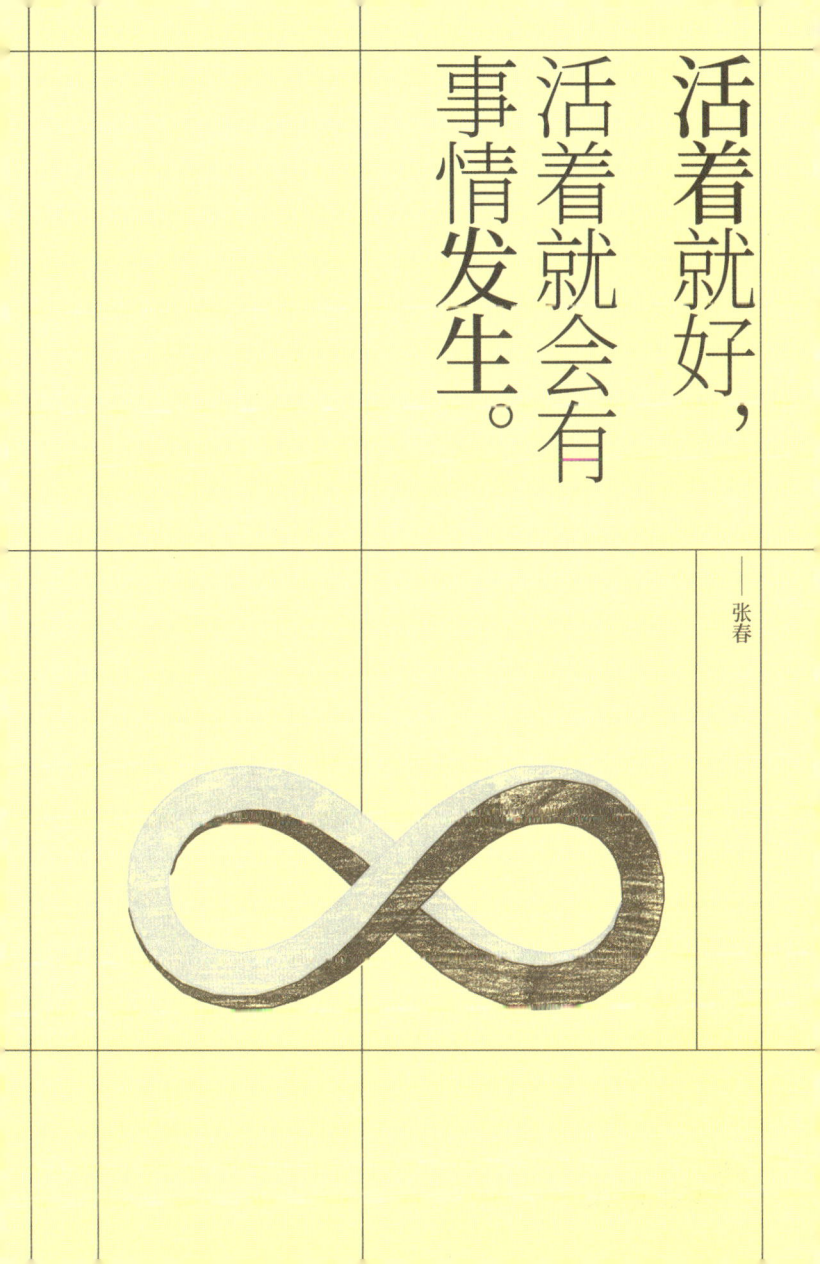

——张春

给未来的答案之书

将每次前往
未知的旅行,

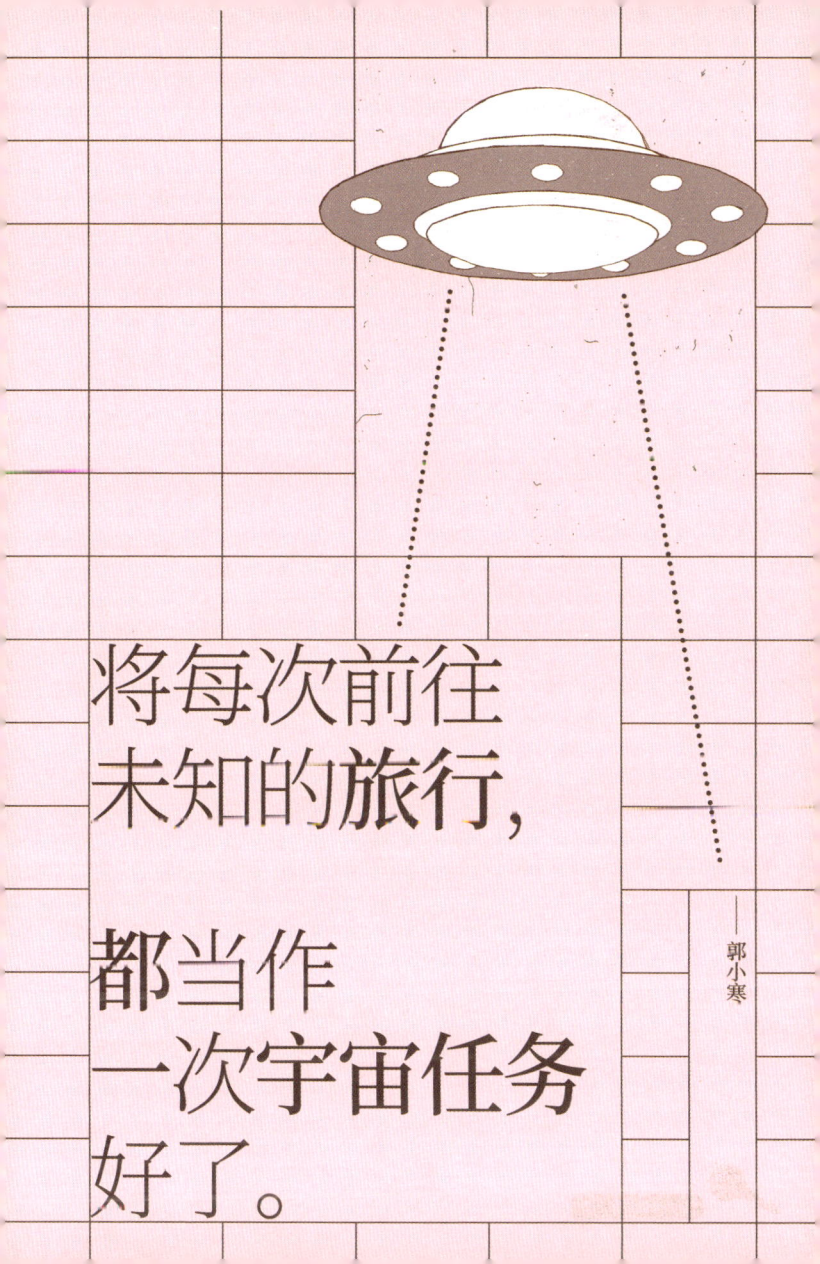

都当作
一次宇宙任务
好了。

——郭小寒

给未来的答案之书

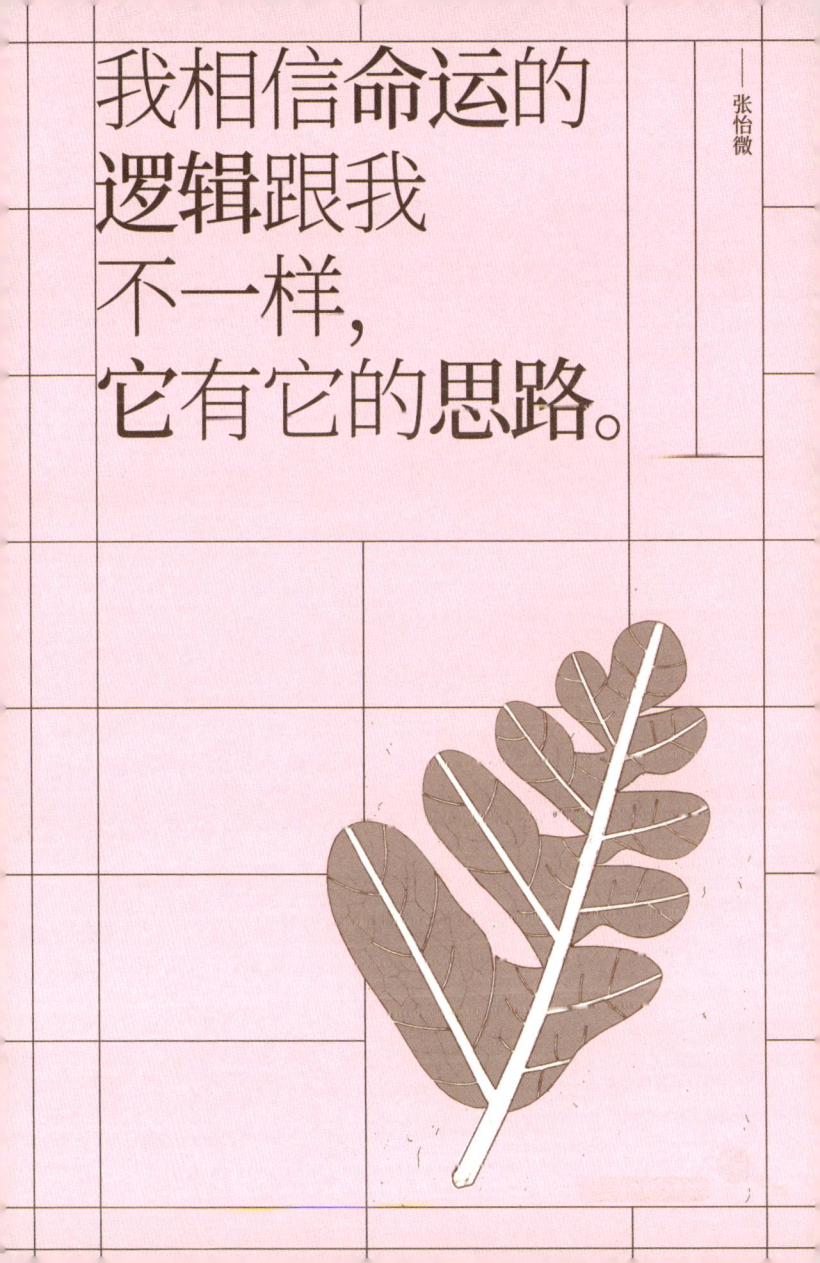

我相信命运的
逻辑跟我
不一样，
它有它的思路。

——张怡微

给未来的答案之书

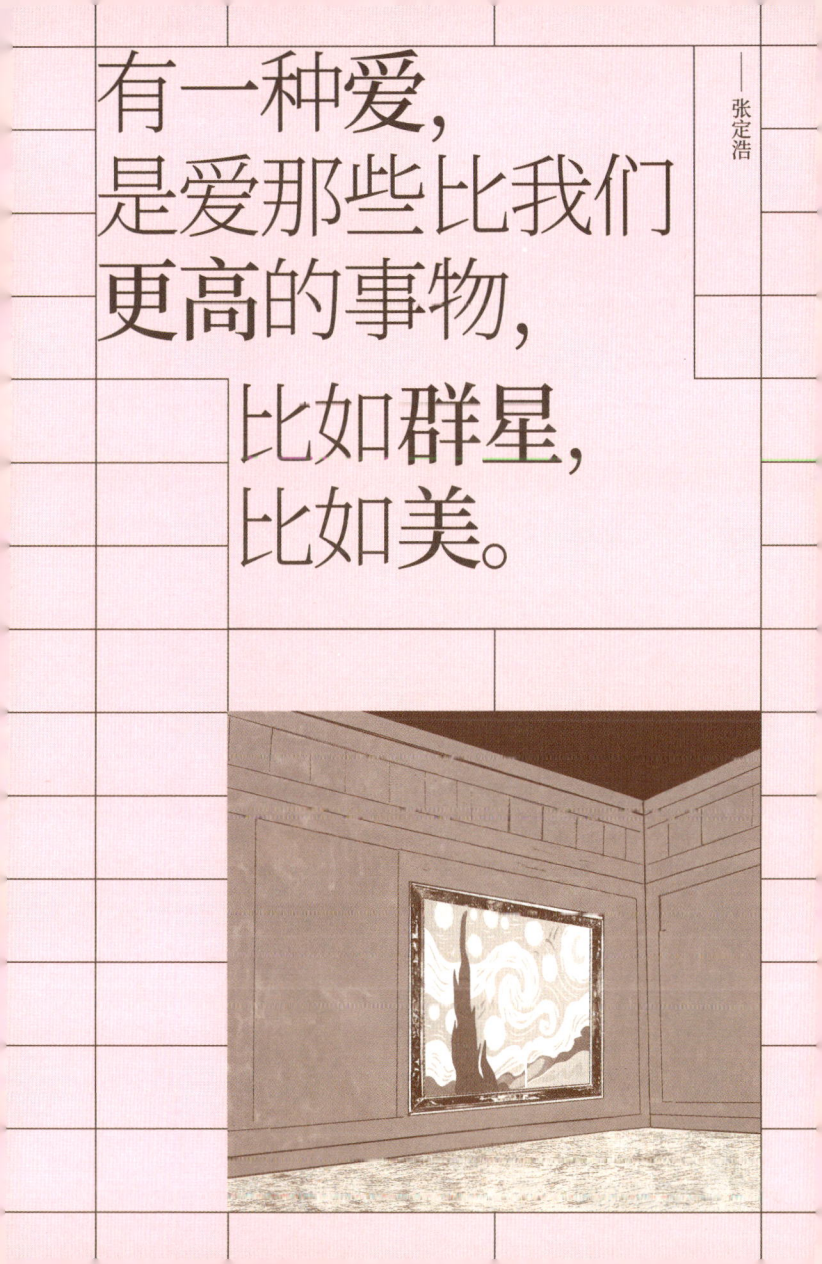

有一种爱，
是爱那些比我们
更高的事物，
比如群星，
比如美。

—— 张定浩

给未来的答案之书

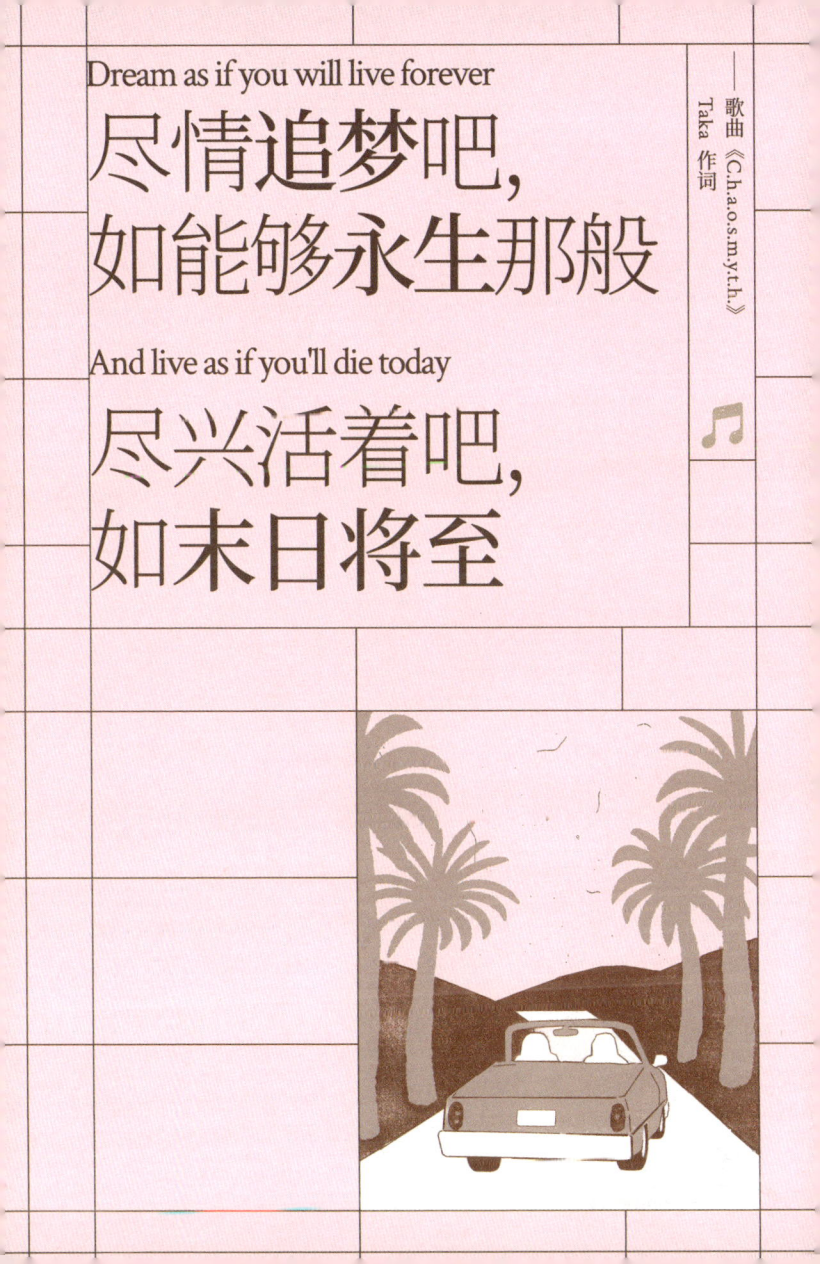

Dream as if you will live forever

尽情追梦吧,
如能够永生那般

And live as if you'll die today

尽兴活着吧,
如末日将至

——歌曲《C.h.a.o.s.m.y.t.h.》Taka 作词

给未来的答案之书

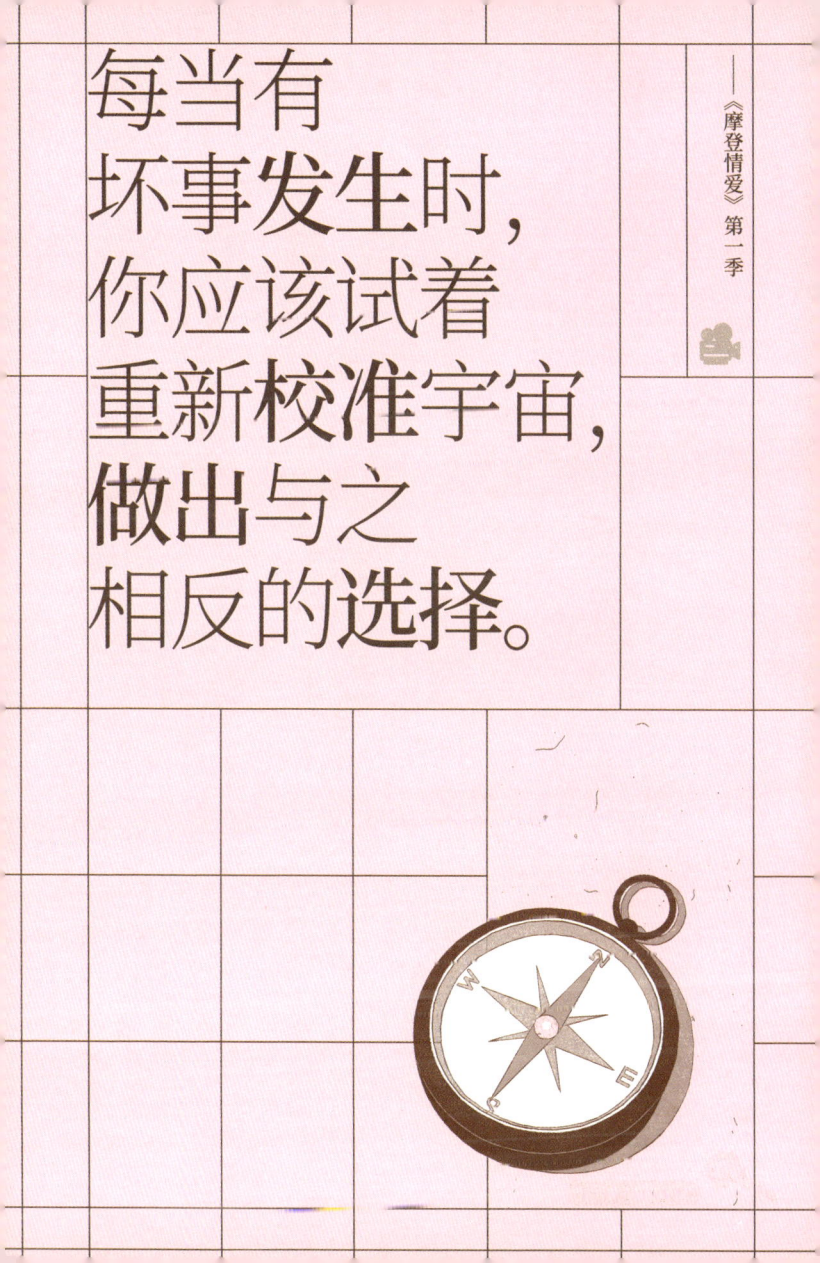

每当有坏事发生时,你应该试着重新校准宇宙,做出与之相反的选择。

——《摩登情爱》第一季

如果我能找到
属于**自己**的位置，
或许就能
抵抗
更多的虚无。

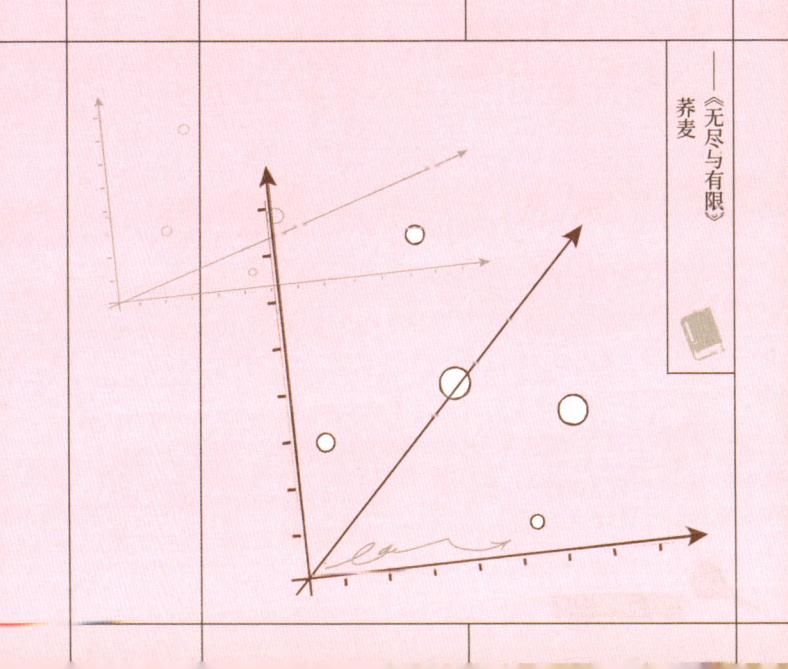

——《无尽与有限》
荞麦

给未来的答案之书

——《可能的世界》
杨潇

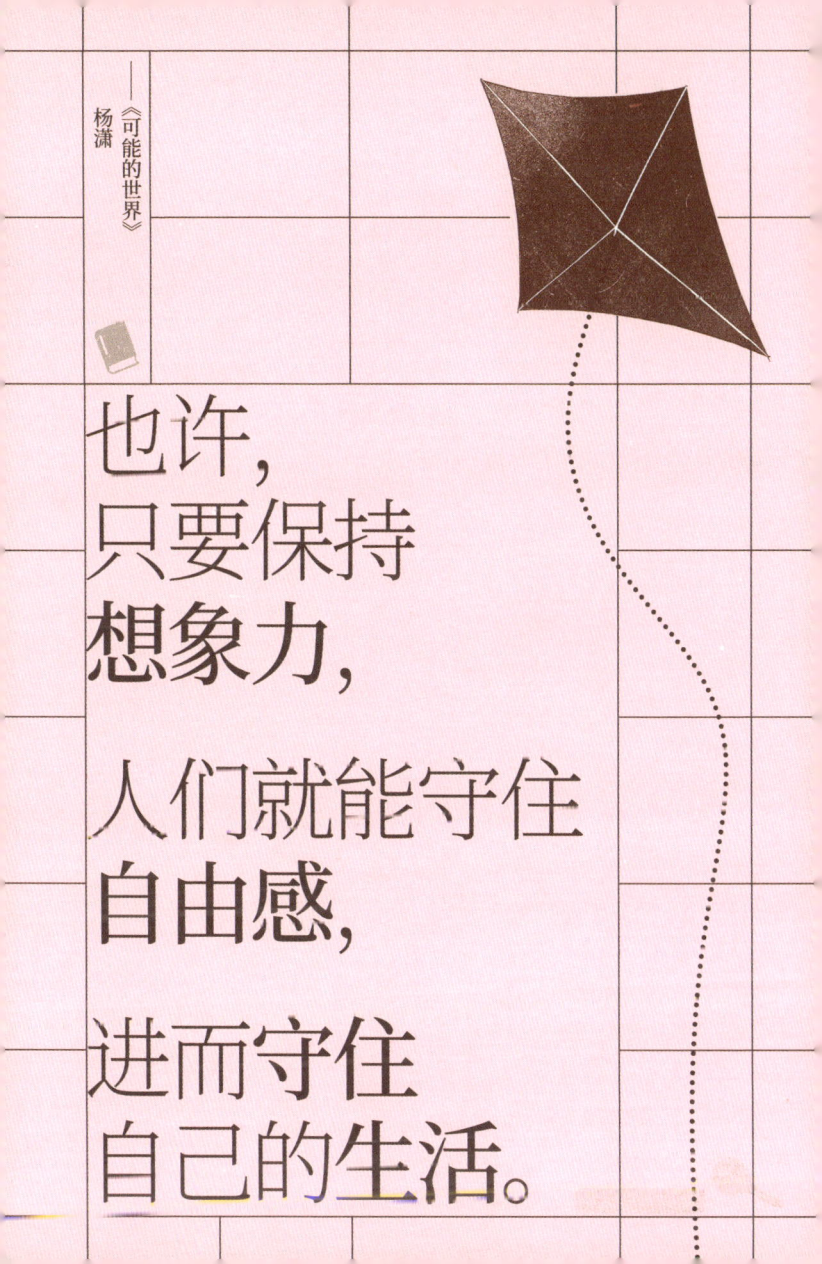

也许,
只要保持
想象力,

人们就能守住
自由感,

进而守住
自己的生活。

给未来的答案之书

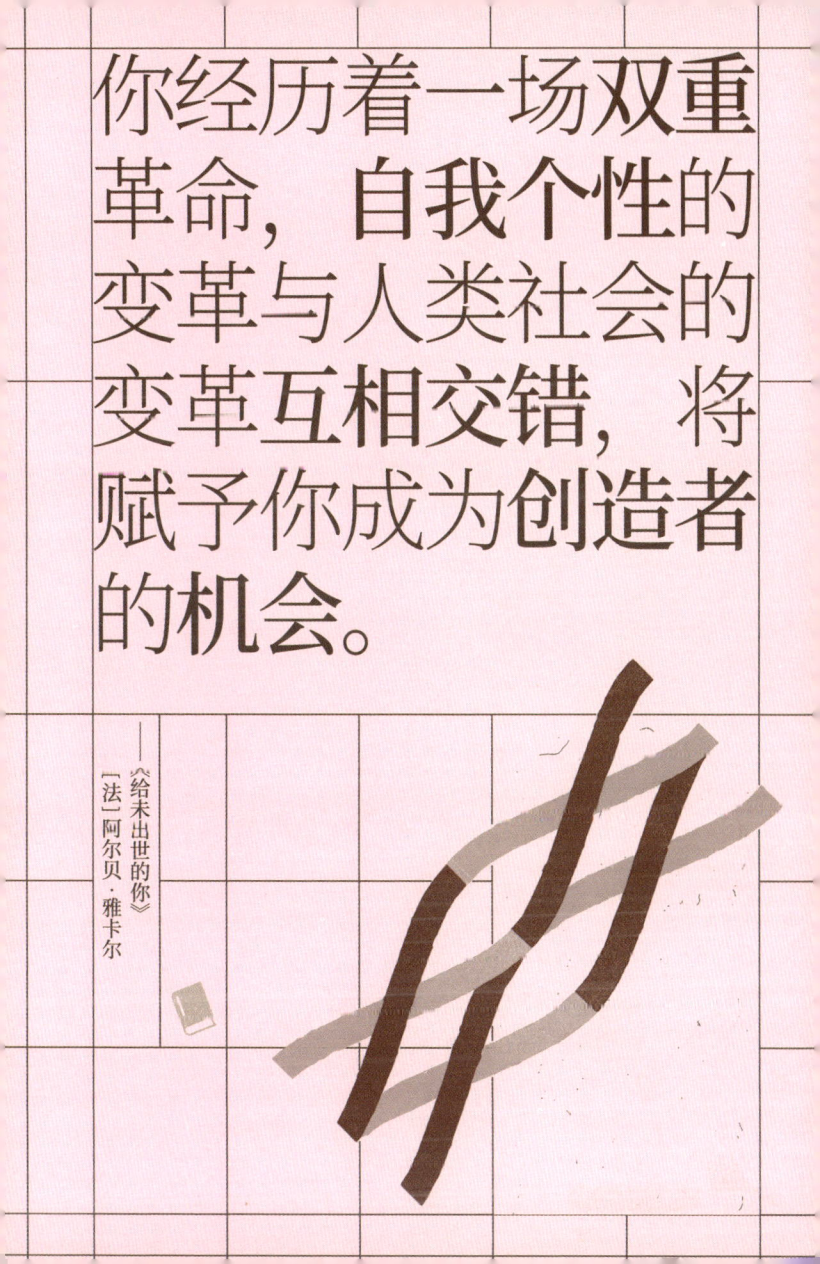

你经历着一场双重革命，自我个性的变革与人类社会的变革互相交错，将赋予你成为创造者的机会。

——《给未出世的你》
[法]阿尔贝·雅卡尔

给未来的答案之书

清醒的神智也是
一种漫长的耐心。

命运不在人的
身上，而在人
的周围。

——《快乐的死》
[法]阿尔贝·加缪

给未来的答案之书

肯定会有比想要得到的东西更宝贵的事物，在这个追寻的过程中先出现。

——《猎人》[日] 富坚义博

给未来的答案之书

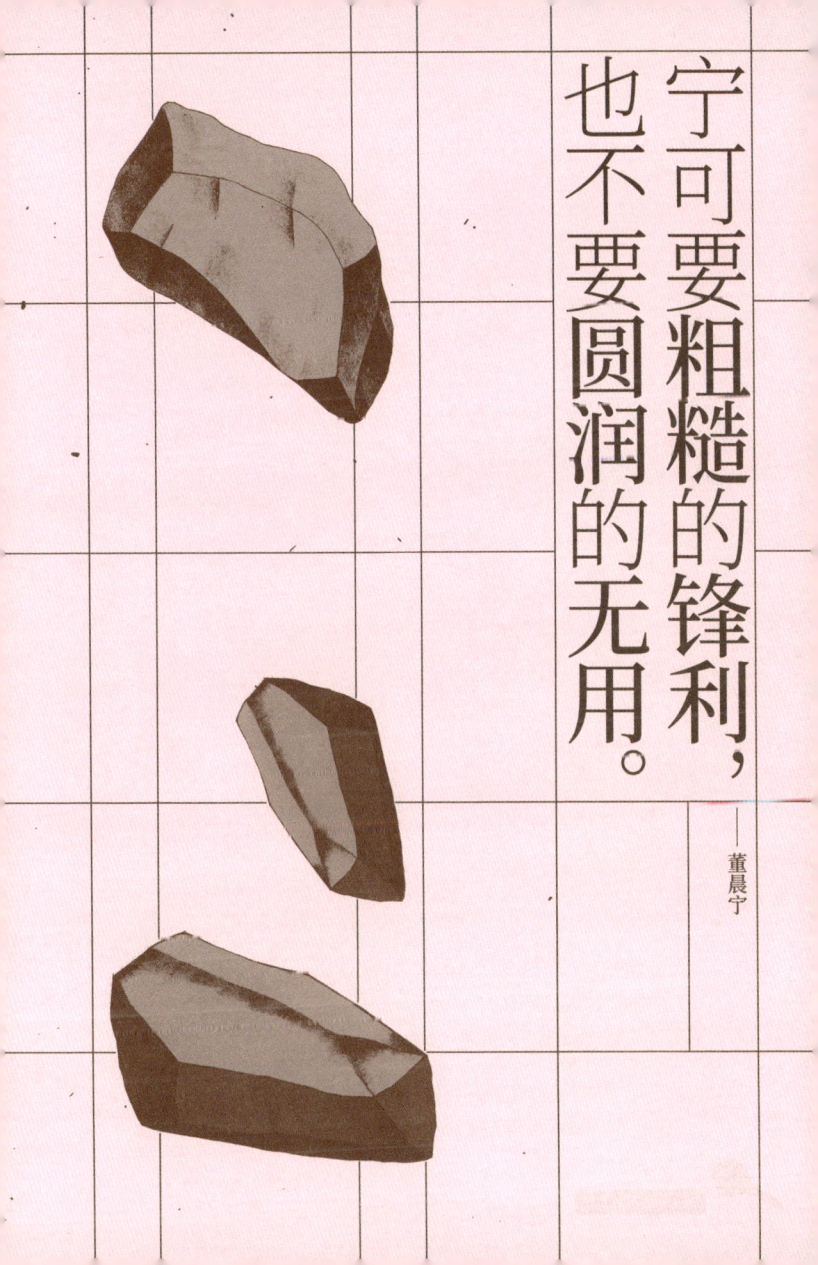

宁可要粗糙的锋利,也不要圆润的无用。

——董晨宁

给未来的答案之书

人所感觉
到的幸福，

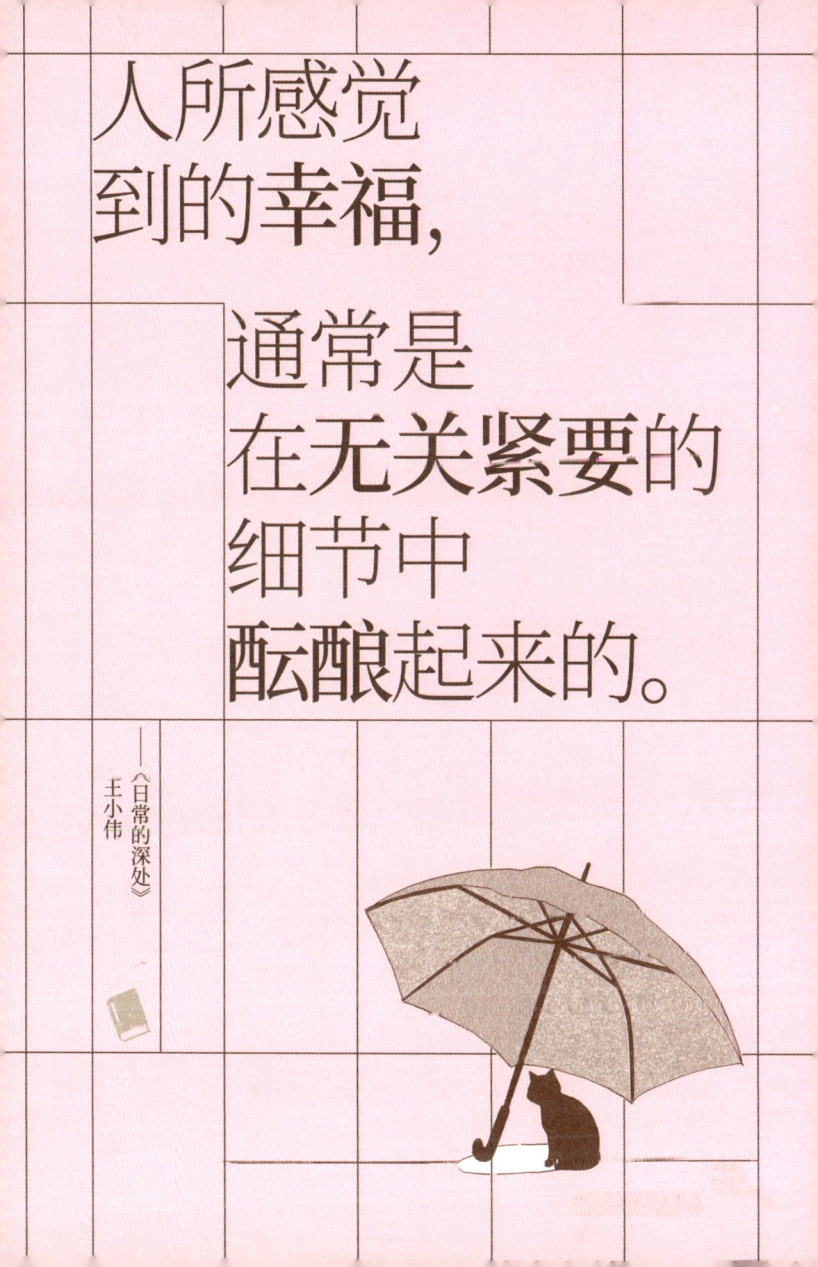

通常是
在无关紧要的
细节中
酝酿起来的。

——《日常的深处》
王小伟

给未来的答案之书

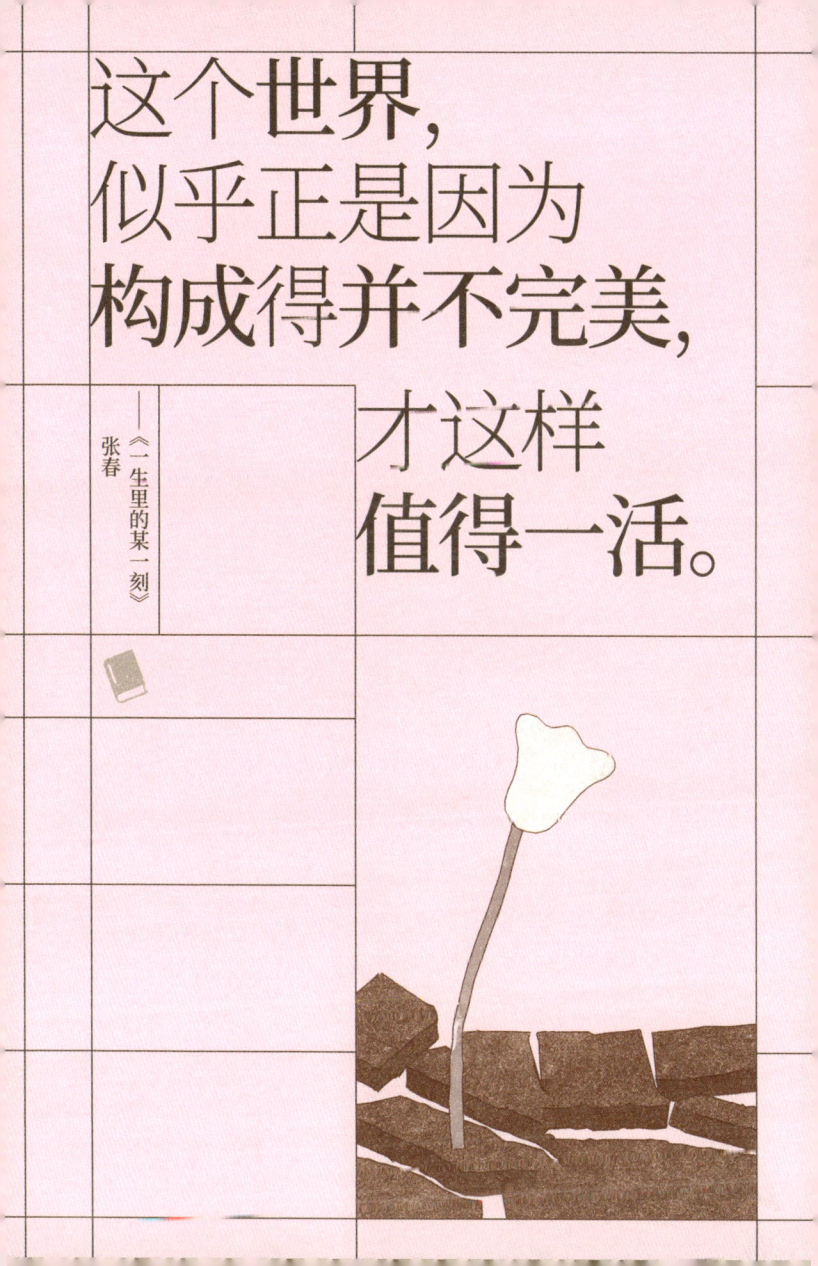

这个世界,
似乎正是因为
构成得并不完美,
才这样
值得一活。

——《一生里的某一刻》
张春

给未来的答案之书

再颠簸的生活,
也要闪亮地过呀!

——网络剧《我的阿勒泰》

给未来的答案之书

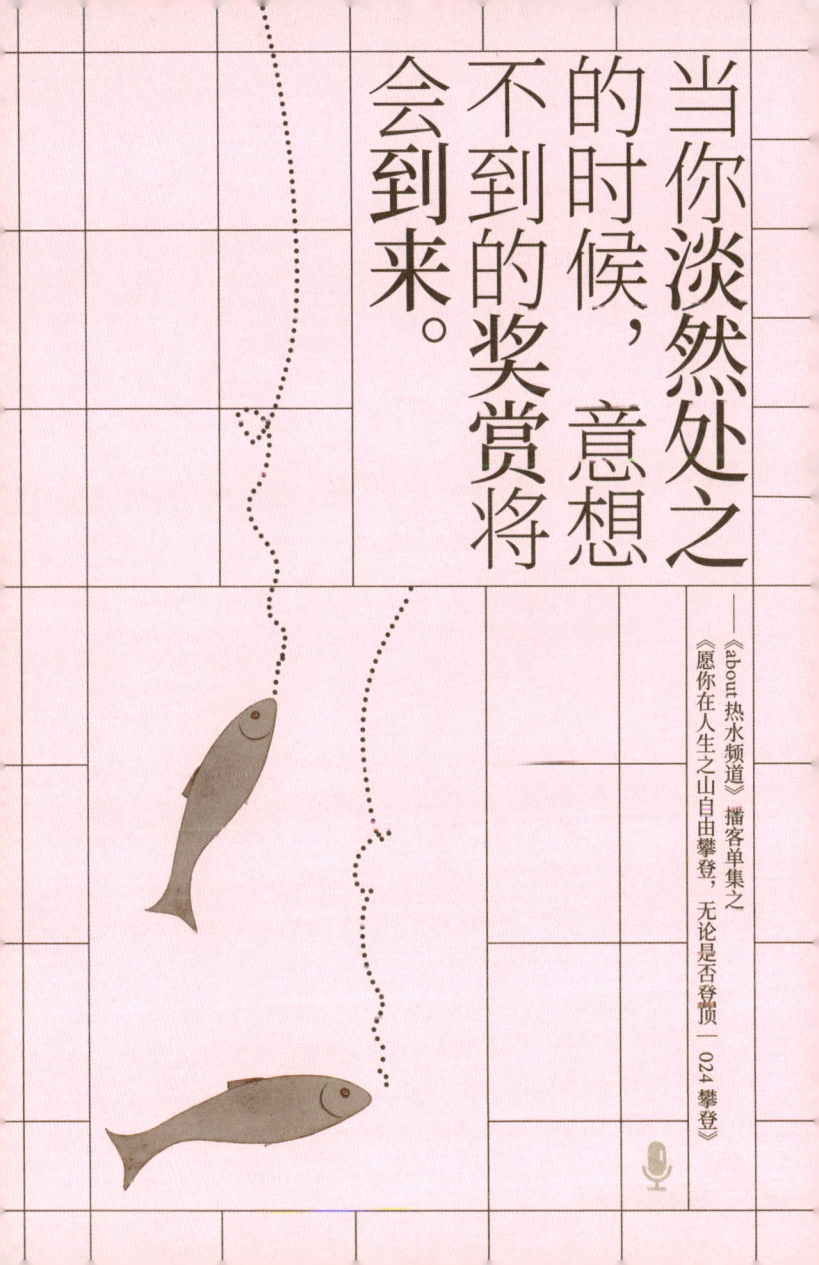

当你淡然处之的时候,意想不到的奖赏将会到来。

——《about 热水频道》播客单集之《愿你在人生之山自由攀登,无论是否登顶——024 攀登》

给未来的答案之书

我不想太早认命，万一认错了呢？

——《about 热水频道》播客单集之《找不到人生的主线剧情？换种语言再试试｜023 跨语言》

给未来的答案之书

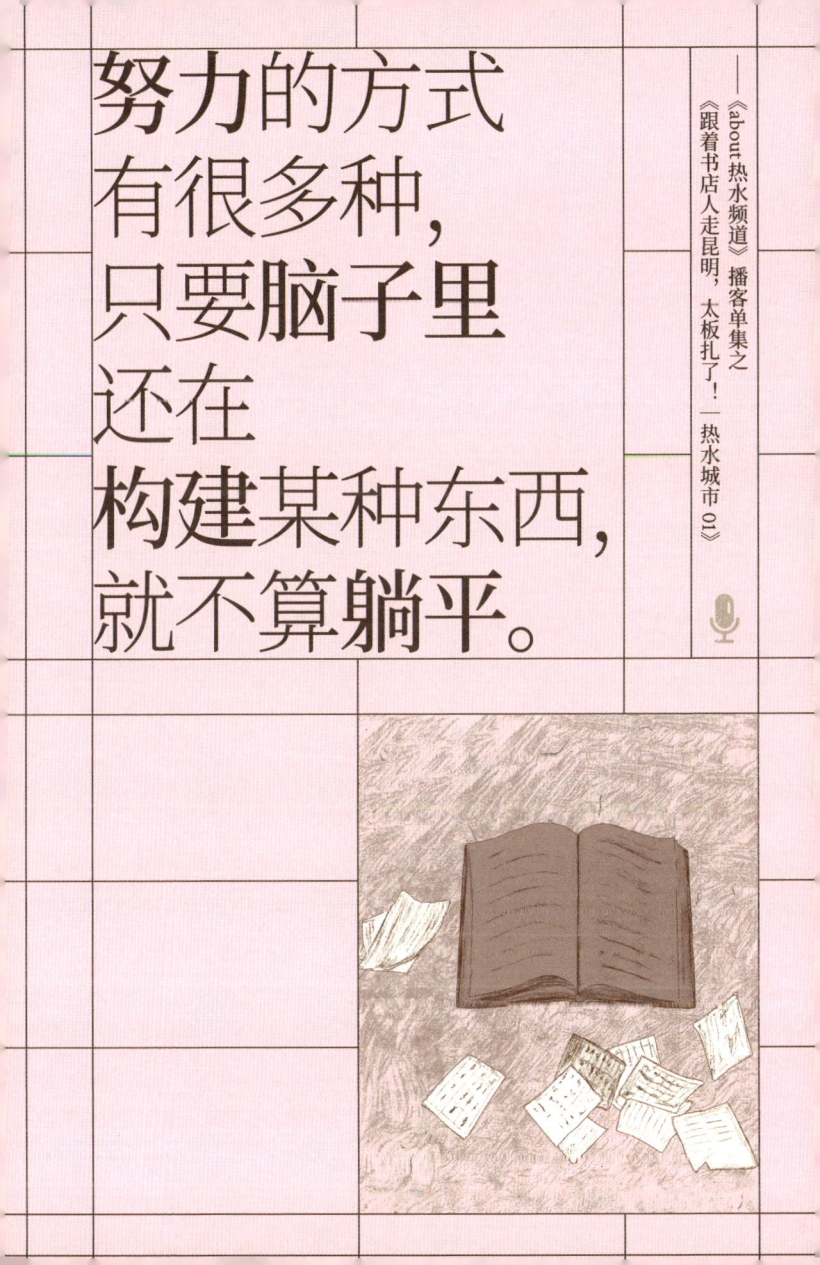

努力的方式
有很多种，
只要脑子里
还在
构建某种东西，
就不算躺平。

——《about热水频道》播客单集之《跟着书店人走昆明，太板扎了！——热水城市01》

给未来的答案之书

我不会让我自己累着。

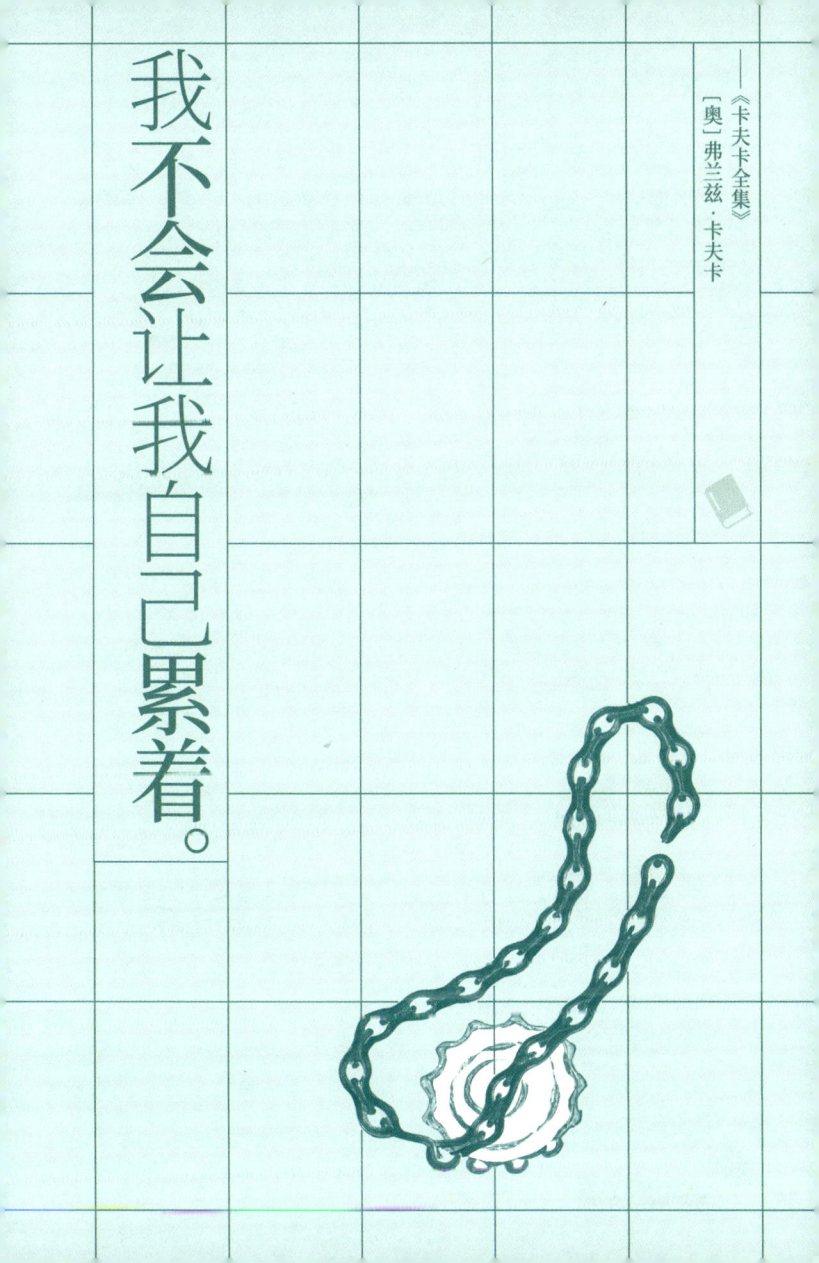

——《卡夫卡全集》
[奥]弗兰兹·卡夫卡

给未来的答案之书

——歌曲《马戏团》
陶喆 作词

妈妈说 人生起起落落
要学习有一点 幽默

给未来的答案之书

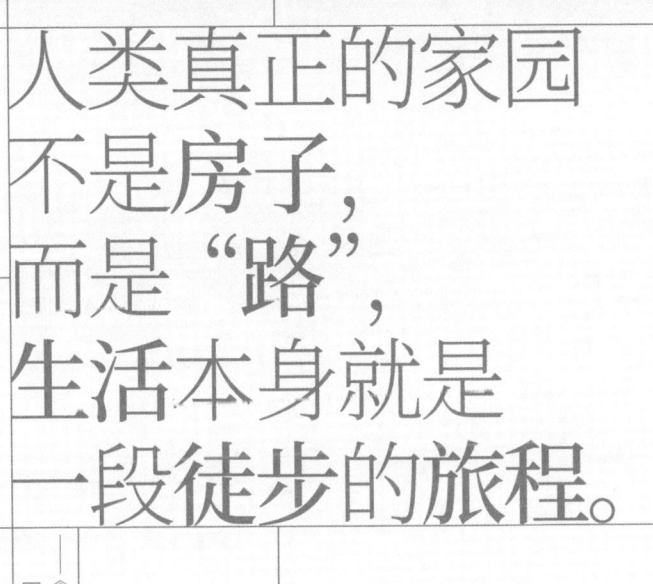

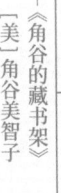

人类真正的家园
不是房子，
而是"路"，
生活本身就是
一段徒步的旅程。

——《角谷的藏书架》
[美]角谷美智子

给未来的答案之书

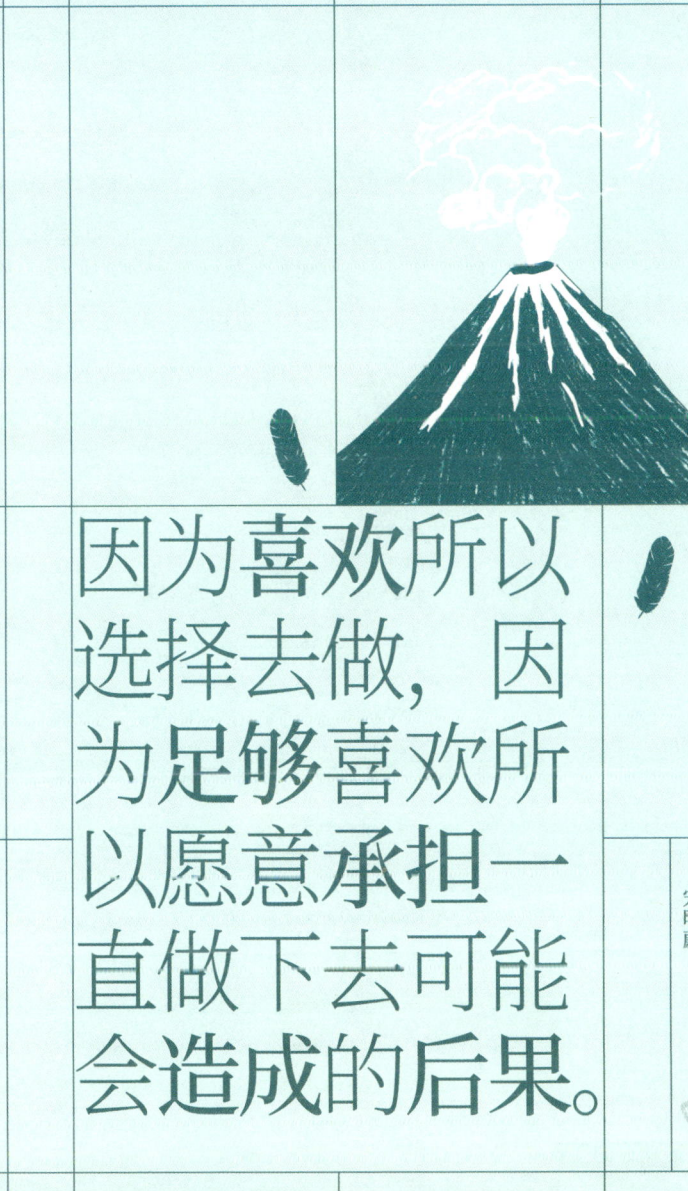

因为喜欢所以选择去做，因为足够喜欢所以愿意承担一直做下去可能会造成的后果。

——《比山更高》
宋明蔚

给未来的答案之书

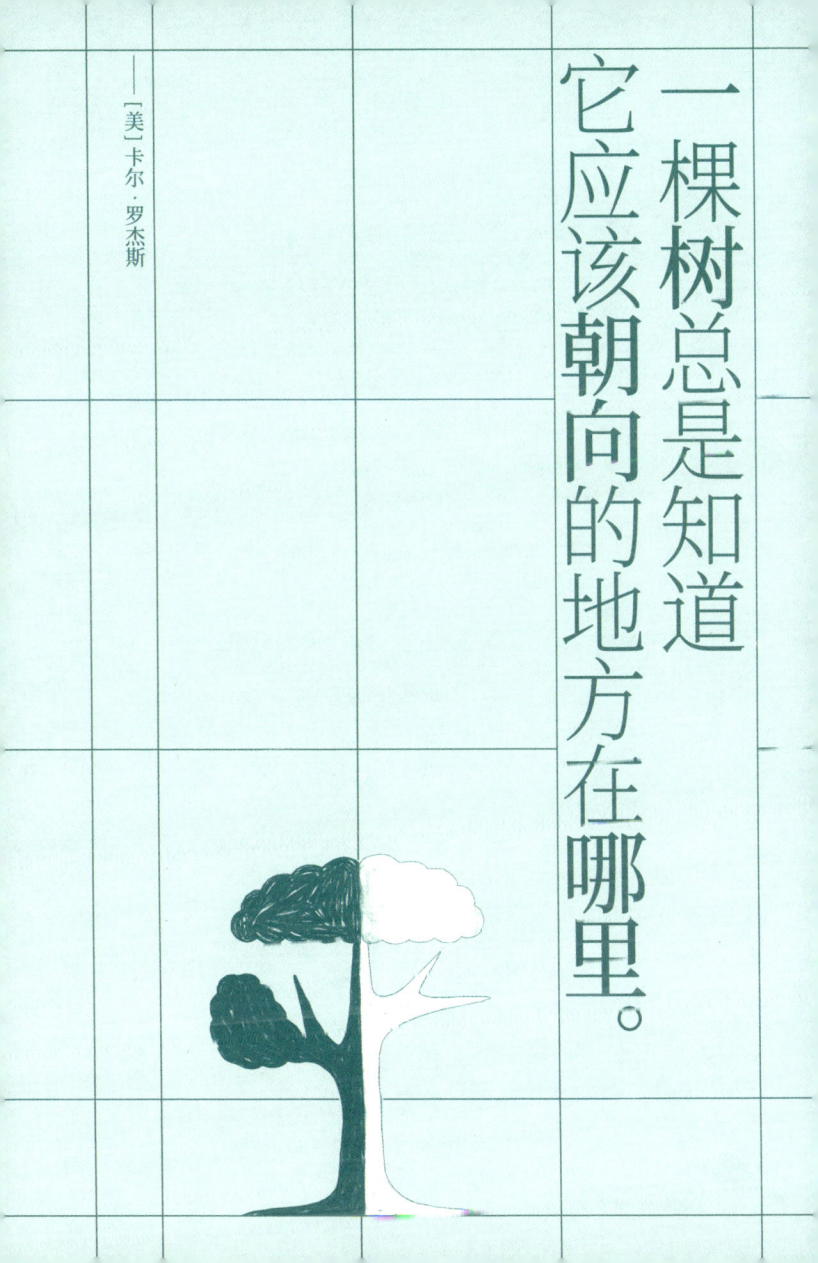

一棵树总是知道它应该朝向的地方在哪里。

——[美]卡尔·罗杰斯

给未来的答案之书

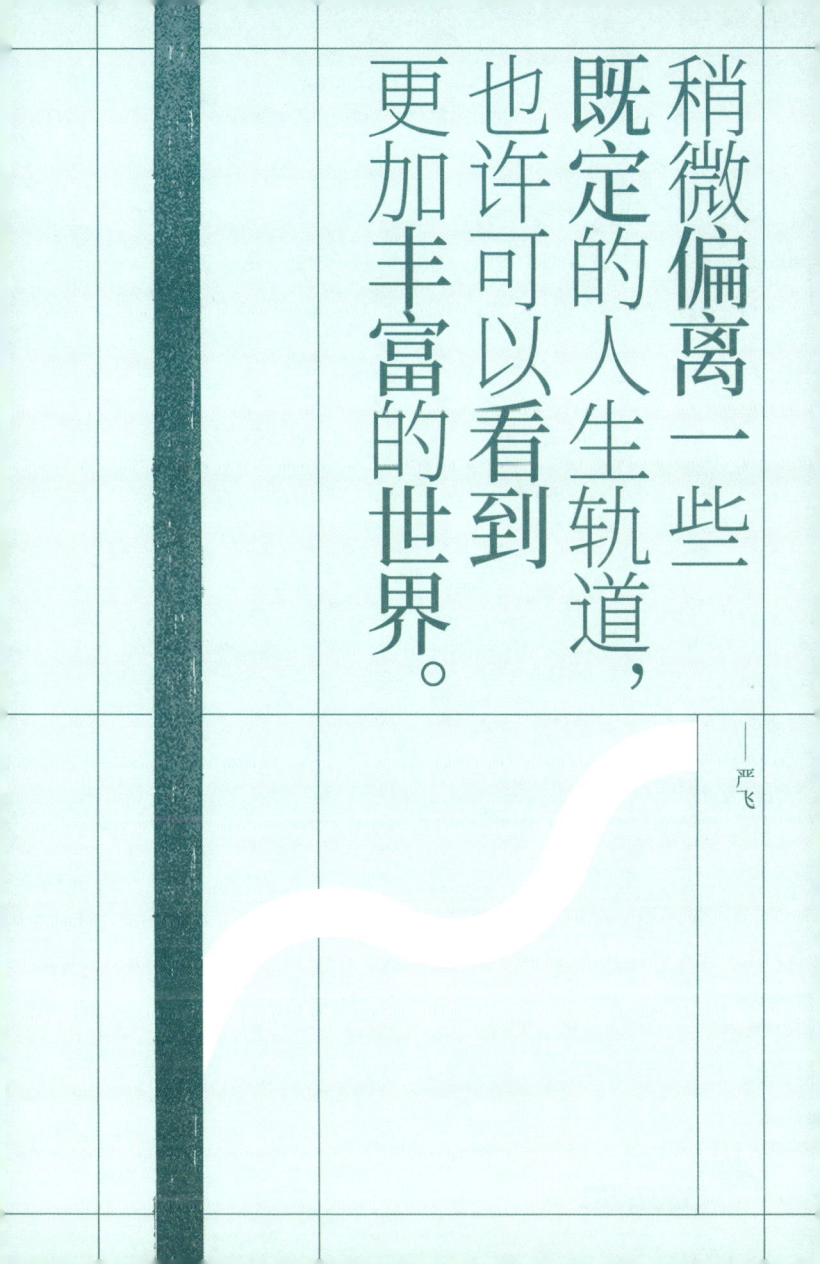

稍微偏离一些既定的人生轨道，也许可以看到更加丰富的世界。

——严飞

给未来的答案之书

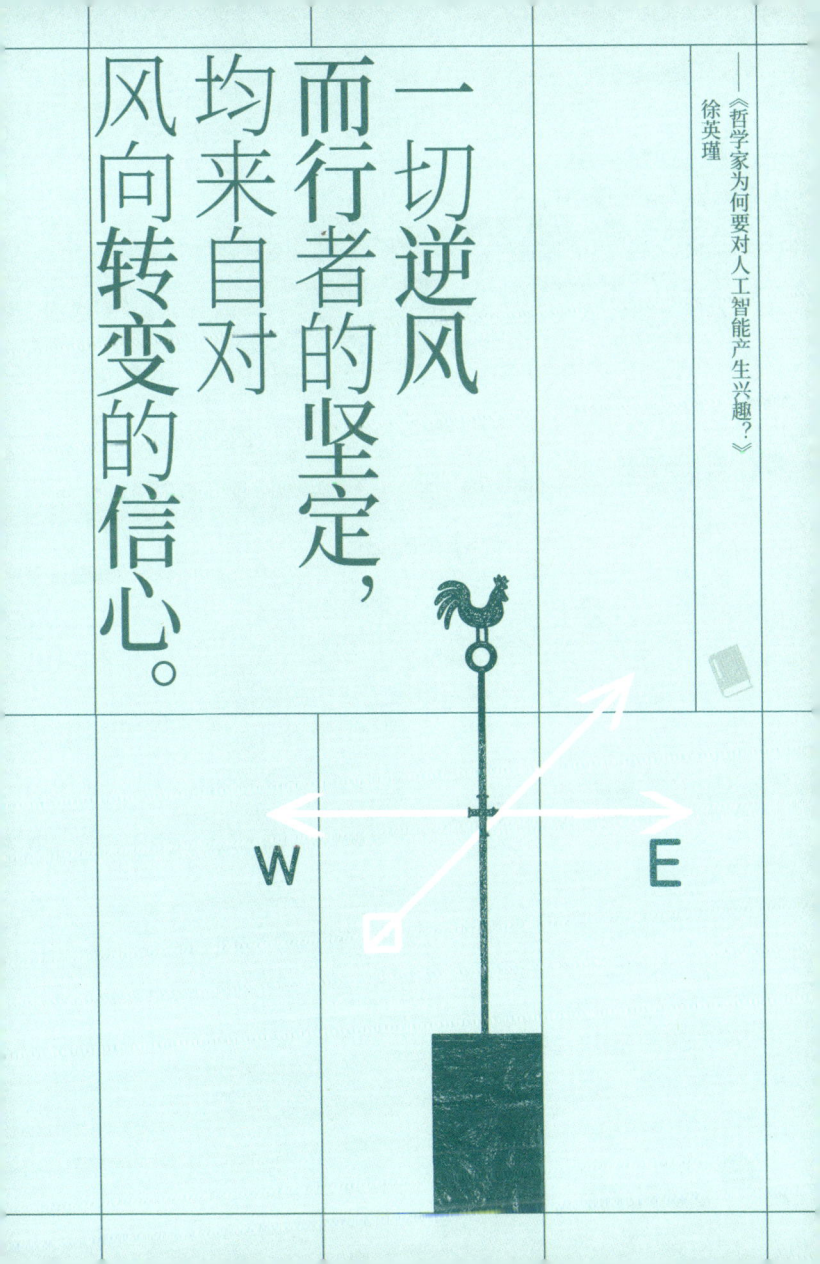

一切逆风而行者的坚定,均来自对风向转变的信心。

——《哲学家为何要对人工智能产生兴趣?》
徐英瑾

给未来的答案之书

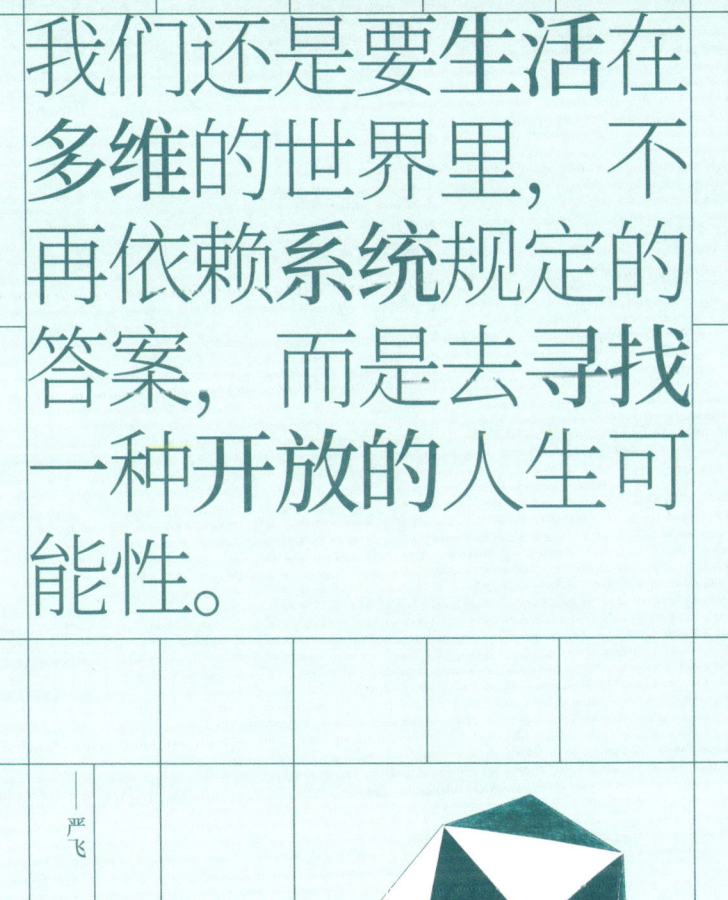

我们还是要生活在**多维**的世界里，不再依赖**系统**规定的答案，而是去寻找一种开放的人生可能性。

——严飞

给未来的答案之书

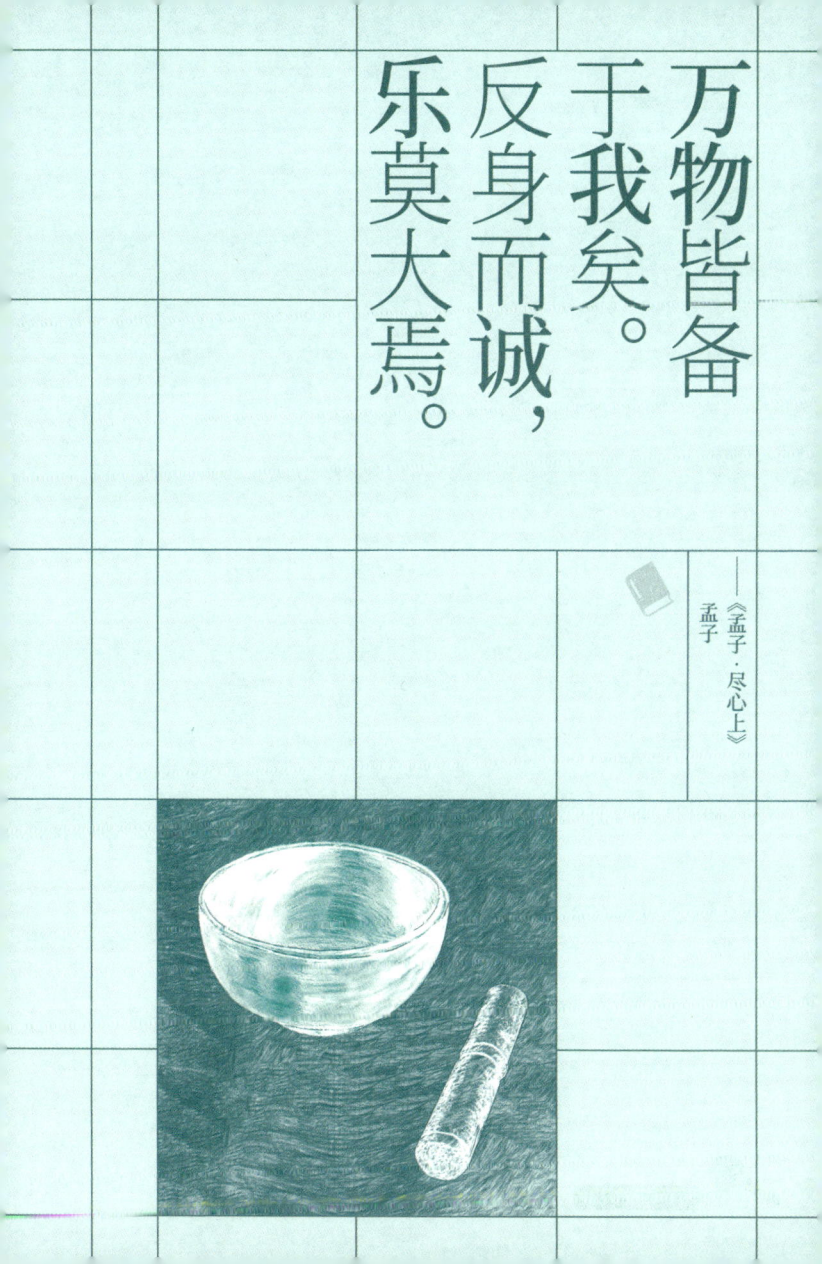

万物皆备于我矣。反身而诚,乐莫大焉。

——《孟子·尽心上》孟子

给未来的答案之书

我做好一点，
这个时代就会
好一点；

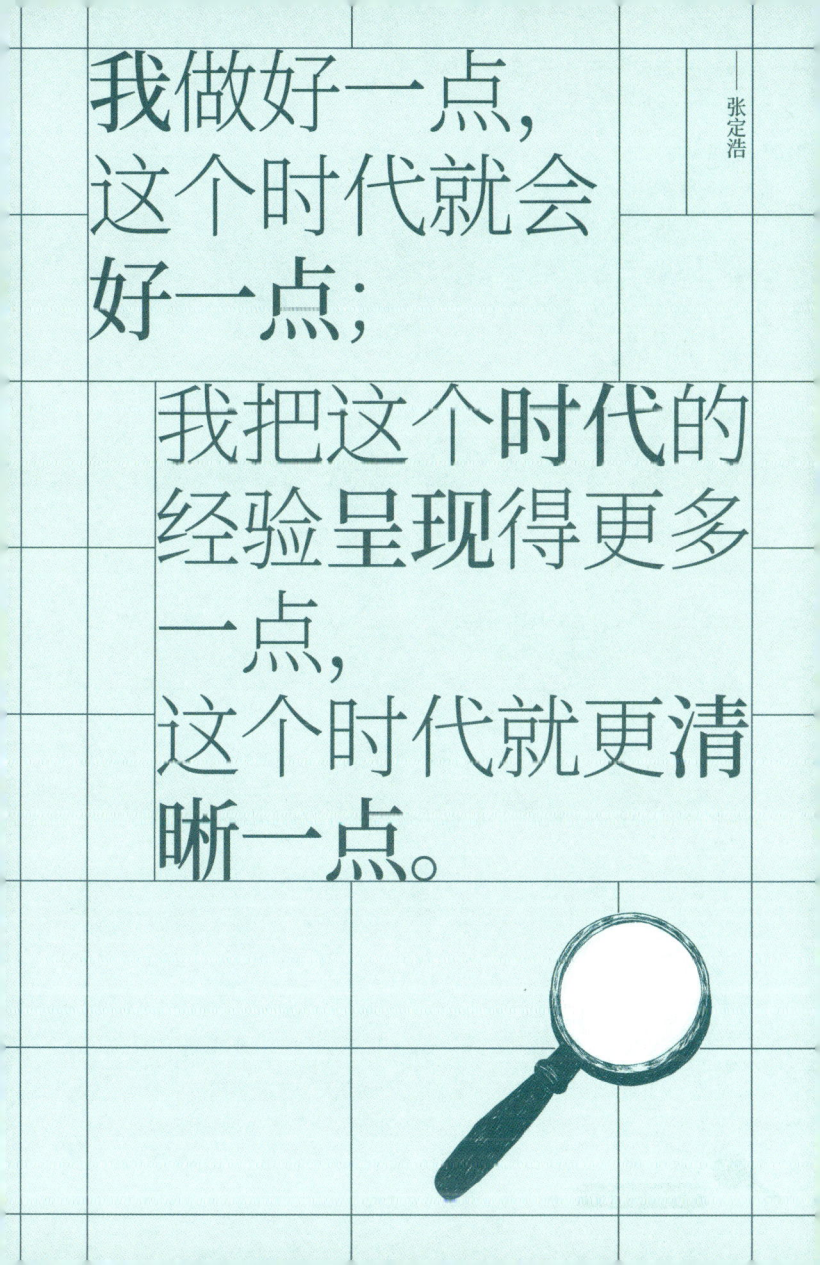

我把这个时代的
经验呈现得更多
一点，
这个时代就更清
晰一点。

——张定浩

给未来的答案之书

天才就是缓慢的耐心。

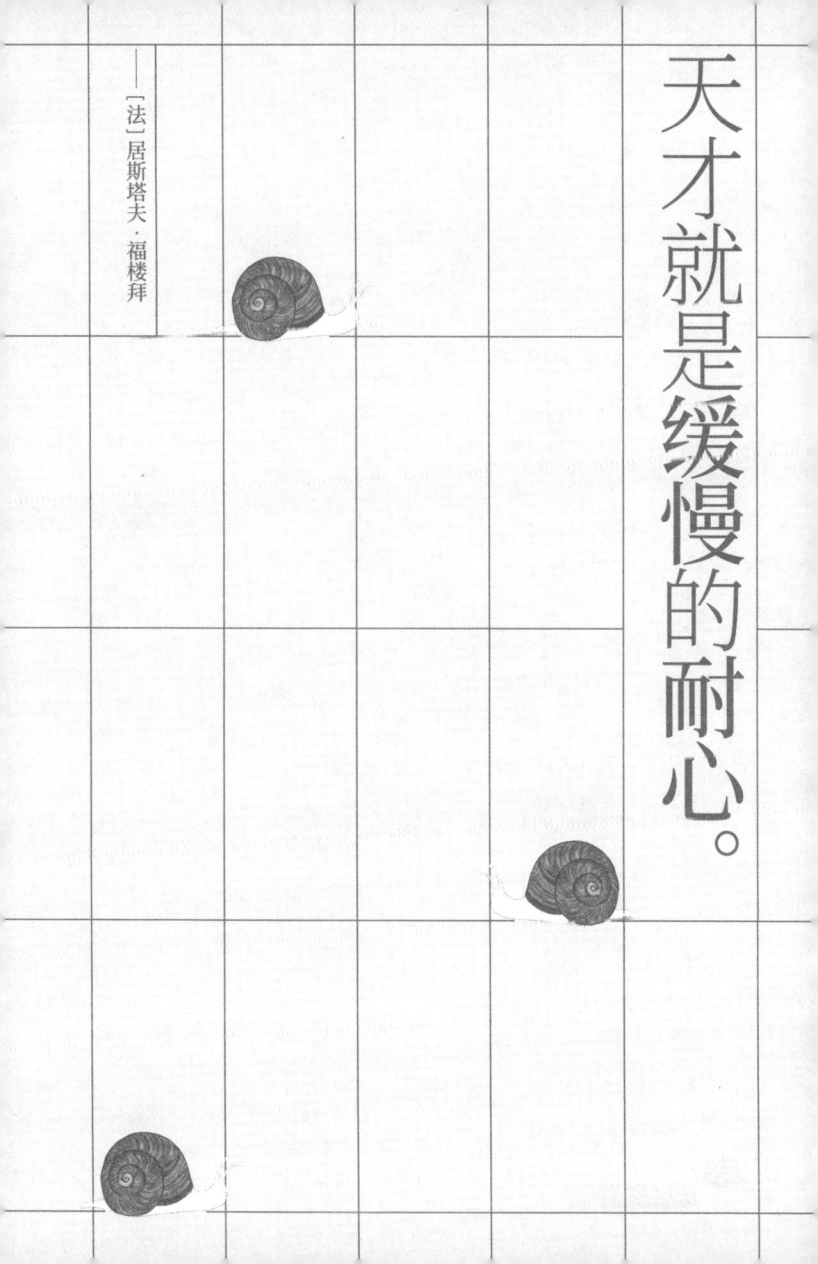

——[法]居斯塔夫·福楼拜

给未来的答案之书

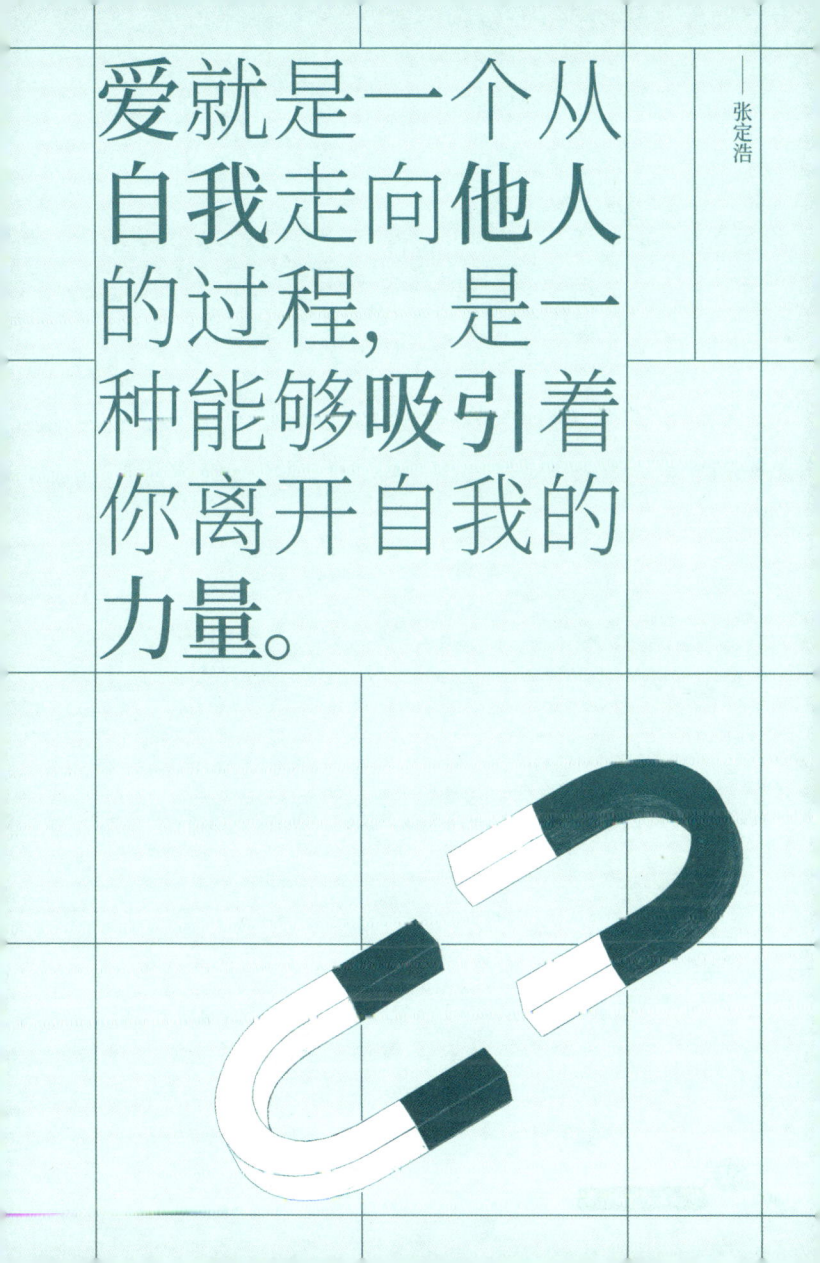

爱就是一个从自我走向他人的过程，是一种能够吸引着你离开自我的力量。

——张定浩

给未来的答案之书

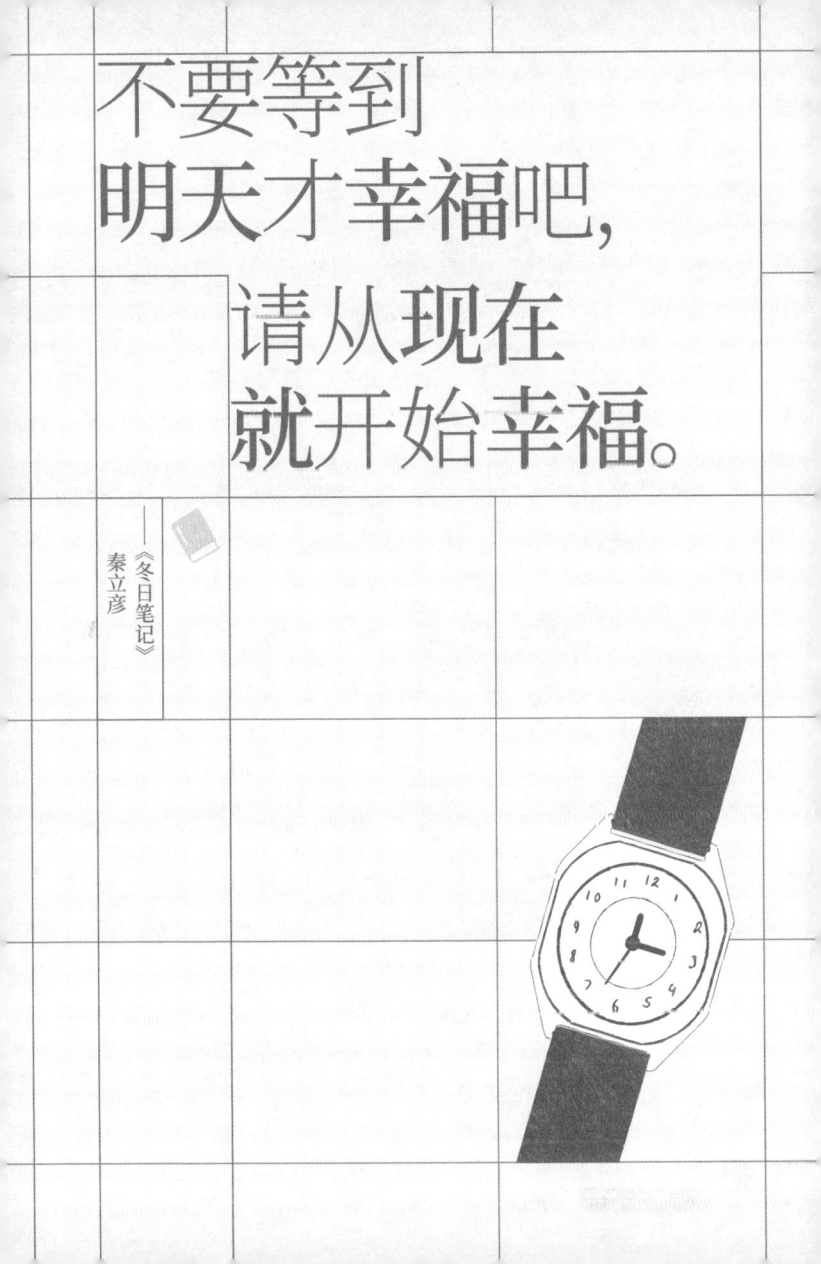

不要等到
明天才幸福吧，
请从现在
就开始幸福。

——《冬日笔记》
秦立彦

给未来的答案之书

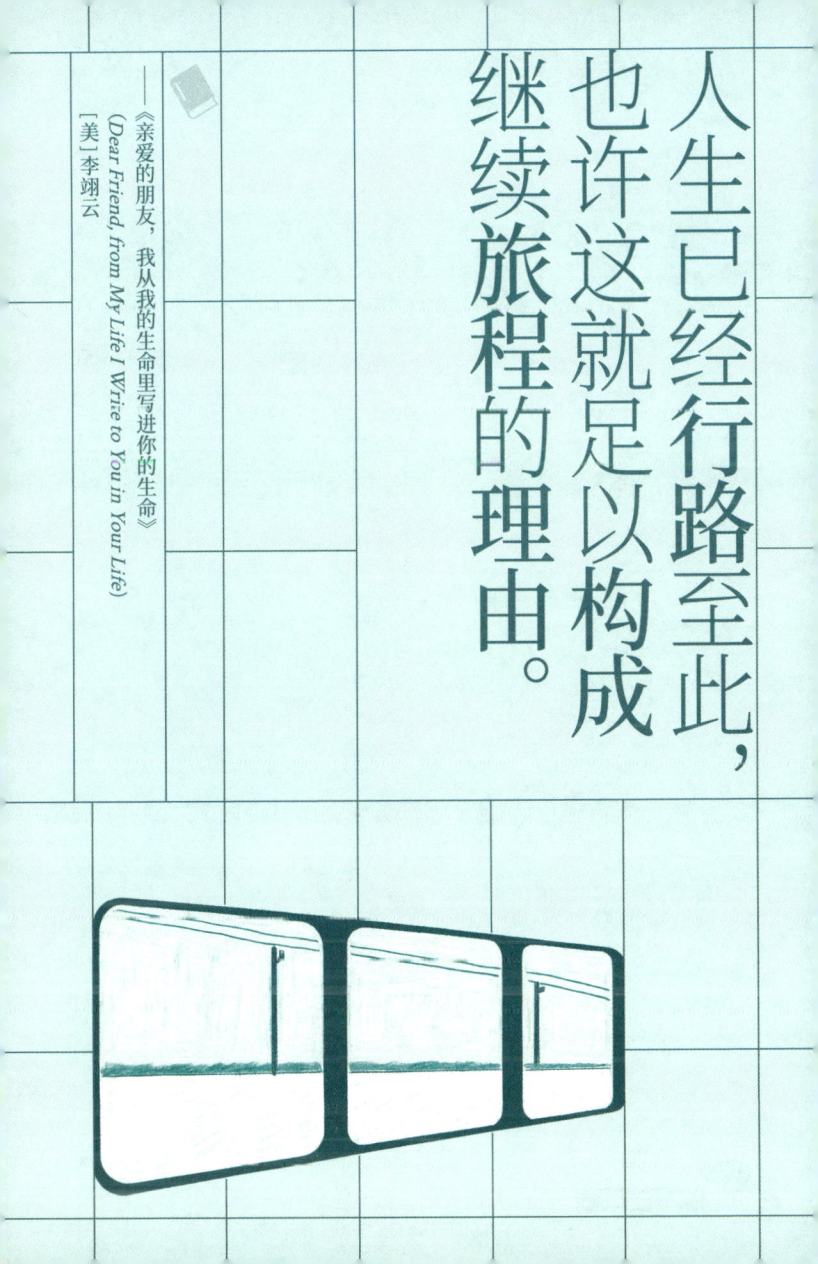

人生已经行路至此，也许这就足以构成继续旅程的理由。

——《亲爱的朋友，我从我的生命里写进你的生命》
(Dear Friend, from My Life I Write to You in Your Life)
[美]李翊云

给未来的答案之书

不要害怕走窄路,
不要忘记爱他人。

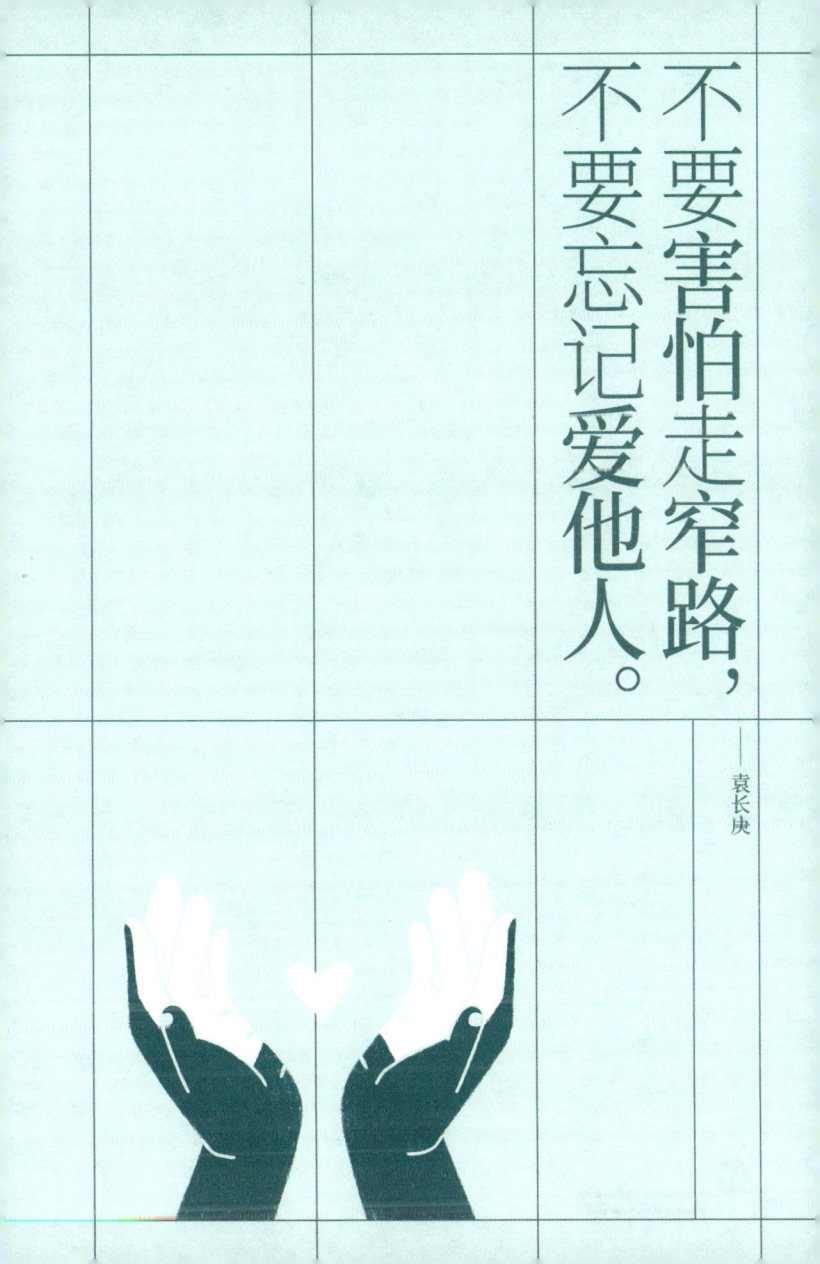

——袁长庚

给未来的答案之书

漫长的棕色小路在我面前，通向我所选择的任何地方。

从此我不再祈求好运，我自己就是好运。

——《大路之歌》
[美]沃尔特·惠特曼

给未来的答案之书

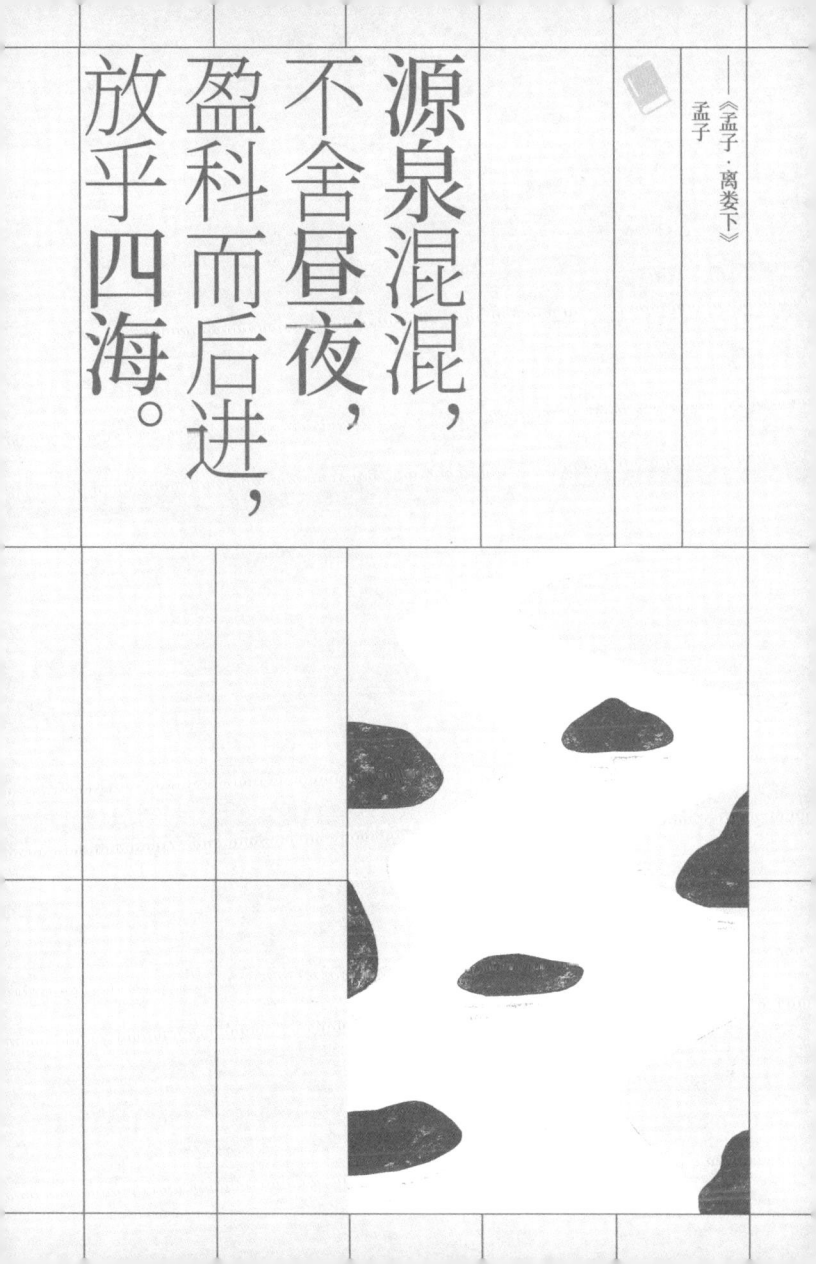

源泉混混,不舍昼夜,盈科而后进,放乎四海。

——《孟子·离娄下》
孟子

给未来的答案之书

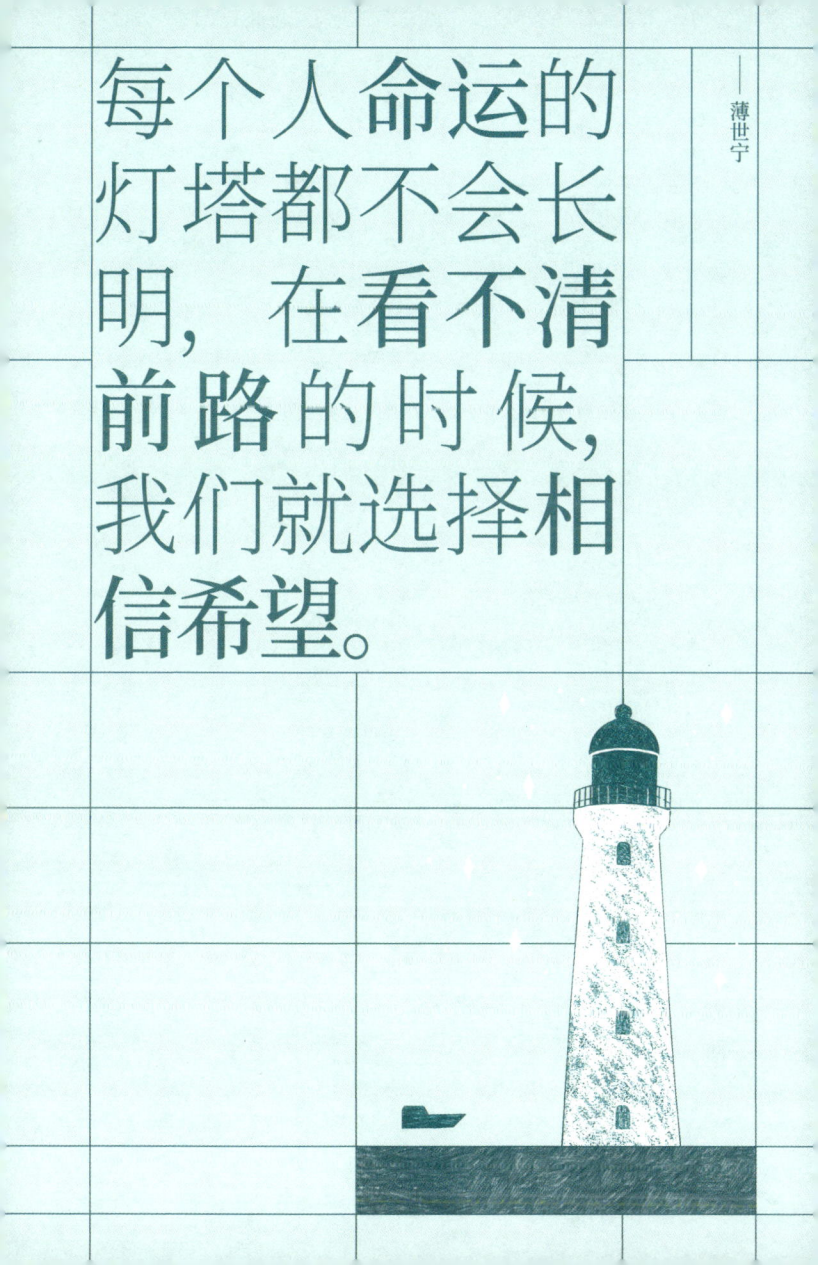

每个人命运的灯塔都不会长明，在看不清前路的时候，我们就选择相信希望。

——薄世宁

给未来的答案之书